끝없는 **실패**와 **도전**이 낳은 **위대한 발견!**

에피소드로 읽는 과학사

과학나눔연구회 정해상 편저

ui 유아이북스
Ultimate Information

에피소드로 읽는 과학사

1판 1쇄 발행 2018년 7월 15일
1판 2쇄 발행 2018년 10월 15일

편저자 과학나눔연구회 정해상
펴낸이 이윤규

펴낸곳 유아이북스
출판등록 2012년 4월 2일
주소 서울시 용산구 효창원로 64길 6
전화 (02) 704-2521
팩스 (02) 715-3536
이메일 uibooks@uibooks.co.kr

ISBN 979-11-6322-004-6   43400
값 14,000원

머리말

일반적으로 과학에 관한 전기물이나 발명·발견에 관한 이야기라면 설명을 듣거나 읽어 보기도 전에 나오는 별 관련이 없는 딱딱하고 어려운 내용일 것이라는 선입관에서 마음의 문을 닫고 외면하는 경향이 없지 않다.

깊이 생각해 보면, 이는 최근의 과학이 놓여 있는 상황과도 무관하지 않은 것 같다. 오늘날의 과학은 백여 년 전과는 달리 자연과학·사회과학 가릴 것 없이 고도로 세분화되어 전문 학과로 되고, 자연과학의 경우는 전문가만이 다룰 수 있는 '거대과학', 사회과학의 경우는 '시스템 과학', '관리과학'의 색조가 짙은 것이 현실이다. 이런 만큼 과학을 일반 국민의 손으로 돌려주자는 운동이 필요한 것 같다. 일상생활과 밀접한 과학 이야기는 그 길잡이가 될 수 있을 것이다.

이탈리아의 과학자 갈릴레오 갈릴레이(Galileo Galilei)는 그가 열여덟 살 의학생이었을 때 피사(Pisa)의 대회당에서 설교를 듣고 있다가 우연히 천장에 매달린 커다란 램프에 관리인이 불을 붙이는 것을 목격했다.

갈릴레이는 램프가 흔들리는 모습을 보고 있는 중에, 램프가 흔들리는 거리는 점차 작아지지만 흔들리는 시간은 진폭이 클 때나 작을 때나 변함이 없다는 것을 알았다. 당시에는 아직 시계가 없었지만 의학생이었던 갈릴레이는 자기의 맥박으로 시간을 재어 흔들리는 진폭의 등시성(等時性)을 확신했다.

또 발명왕 토머스 에디슨(Thomas Alva Edison)은 부석(浮石: 화산의 용암이 갑자기 식어서 된 다공질의 가벼운 돌)이 물에 뜨는 것을 보고 신기하게 생각해서, 부석을 가루로 만들어 수영을 못 하는 친구에게 마시게 하여 물에 뜨는 실험을 했다. 물론 실험은 실패했지만 실패로만 끝나지 않았다. 친구가 심한 설사를 하여 큰 소동이 벌어졌다고 한다.

이 책에 수록된 내용 역시 이런 과학사의 뒷전에 밀린 에피소드들이다. 다만 가려 읽기 쉽게 의학과 생물에 관한 에피소드, 농업과 기술에 관한 에피소드, 물리에 관한 에피소드, 화학에 관련된 에피소드 등 몇 개 분야로 나누어 모아 보았다.

과학사의 뒷전에 밀린 에피소드들이 어찌 이것뿐이겠는가. 이 책에서 다룬 에피소드들이 징검다리가 되어 앞으로 여러분이 더 많은, 더 재미나는 에피소드를 개발하기를 바란다.

편저자 씀

차례

① 의학과 생물에 관한 에피소드

② 농업과 기술에 관한 에피소드

③ 물리에 관한 에피소드

4 화학에 관한 에피소드

1

의학과 생물에 관한 에피소드

마취의 시작

신의 섭리를 저버리는 짓이라는 비판도

환자는 뼈를 깎는 고통도 참아 내다

19세기까지 외과 수술을 받는 환자들은 심한 고통을 감내해야 했다. 환자가 의식을 잃고 깊은 잠에 빠지게 하는 물질을 알지 못했기 때문이다. 고통을 덜어 주기 위해 인도대마(Indian hemp)나 아편 같은 소수의 내복약(內服藥)이 사용되거나 혹은 럼(rum)이나 브랜디(brandy) 같은 알코올 음료를 대량으로 환자에게 마시도록 함으로써 혼수 상태에 빠뜨리거나 죽음에 이르게 하는 과실도 있었다.

오늘날에 이르러서는 마취제에 쓰이는 물질이 많다. 마취제를 사용하면 환자는 완전히 의식을 잃고 수술이 진행되는 동안 통증을 전혀 느끼지 못한다.

일부 마취제가 인간에게 효과를 발휘한다는 사실은 참으로 우연한 기회에 발견되었다.

웃음 가스에서 마취 작용을 발견한 데이비

18세기 종반 가까이 되어 각종 새로운 기체가 발견되었다. 그 기체들의 성질을 연구하는 과정에서 과학자들은 그것이 인간에게 어떠한 효과를 미치는가를 검토하게 되었다. 1798년에 각종 가스에 대한 환자의 반응을 조사하는 의료 기체 연구소가 영국 잉글랜드 서부의 항구 도시 브리스톨(Bristol)에 개설되어 사람들은 이 연구소에서 새로운 '약용 공기(藥用空氣)'에 의한 치료를 받게 되었다.

이 연구소의 초대 소장은 험프리 데이비(Humphry Davy, 1778~1829)라는 청년이었다. 데이비는 웃음 가스(laughing gas), 즉 무색의 질소 화합물인 일산화이질소(nitrous oxide: N_2O)에 많은 흥미를 가지고 있었다. 처음에 데이비는 웃음 가스를 조금 만들어 그것을 자신이 흡입해 보기로 했다. 그 과정은 다음과 같다.

그는 가스를 실크자루에 채워 3퀘트(quart : 약 3리터)를 30초 이상 흡입했다. 처음에는 현기증을 느꼈지만 곧 모든 감각을 잃고 마치 술에 취한 상태처럼 되었다. 후에 그는 이 가스를 더 오랜 시간 흡입했다. 그러자 매우 기분이 좋아졌다. 번

쩍번쩍 빛나는 점이 눈앞을 수없이 스쳐 지나가는 것처럼 보이고 히죽히죽 웃고 싶은 기분도 들었다.

웃음 가스를 흡입하는 사람들

이 가스를 흡입하면 기분이 즐거워진다는 뉴스는 곧 널리 전파되어 많은 사람이 연구소를 방문했다. 그중의 두 사람이 체험담을 쓴 것이 있다. 두 사람 다 그해 그러니까 1798년에는 20대의 젊은이였지만 후에 문학 분야에서 세계에 이름을 떨쳤다. 한 사람은 영국의 철학자이며 시인인 새뮤얼 콜리지(Samuel Taylor Coleridge, 1772~1834)이고, 또 한 사람은 영국의 낭만주의 시인으로 소위 '호반 시인' 중의 한 사람이자 후에 계관 시인이 된 로버트 사우디(Robert Southey, 1774~1843)였다. 먼저 콜리지의 체험담을 들어 보자.

"내가 처음 '이산화이질소'를 흡입했을 때 전신에 온기를 느끼며 기분도 매우 즐거웠다. 전에 눈 속을 산책하다 돌아와 따스한 실내에 들어섰을 때에 느낀 기분과 흡사했다. 기분에 내킨 동작은 단 하나, 나를 보고 있는 인간에게 괜스레 웃어 주고 싶은 것뿐이었다."

한편 사우디는 이 약용 공기를 체험한 후 아우에게 벅차오르는 심정으로 편지를 썼다.

"오! 톰, 데이비는 웃음 무엇인가 하는 가스를 발견한 거야. 산화 무엇인가 하는 가스란다. 나는 그걸 마셔 보았어. 당장 웃고 싶고 손발이 욱씬거렸어. 데이비는 정말 새로운 즐거움을 발견한 거야. 그 즐거움을 무엇이라 표현해야 좋을까, 마땅한 비유가 생각나지 않는구나. 오ー톰, 나는 오늘 밤에도 또 흡입할 생각이다. 그것은 사람을 강하게 하고 행복하게 만드니까. 지금 나는 정말 날 듯이 행복하다. 톰! 천상(天上)의 공기인들 이 신비한 작용을 하는 환희의 공기와 다름이 있을까!"

가스에 대한 평판과 데이비에 대한 평판이 런던에 널리 알려져 그는 1800년에 신설한 왕립연구소의 강사로 임명되었다. 이 연구소에서는 일반인을 대상으로 과학 강연을 실시했는데, 그는 한 강연에서 이 새로운 가스의 성질을 설명하고 청중 몇 사람에게 실제 흡입도 시켰다. 그래서 그 강연은 매우 인기가 있었다.

다른 강사들은 가스의 성질을 실제로 확인하기 위해 가스를 채운 얼음자루를 생도들에게 차례로 돌려 실험했다. 그때 어떤 일이 벌어졌는가에 대해 한 생도가 기록을 남겨 놓았다.

"잠시 동안 강당의 정적을 깨뜨리는 것은 가스를 흡입하는 사람들이 숨을 깊이 들이마시는 소리뿐이었다. 모든 사람은 극도의 행복감을 느끼는 듯했다. 아무리 흡입해도 부족한 듯 반복, 또 반복해서 '푸ー푸ー' 하고 흡입했다. 넓은 실내에 가득 찬 사람들이 저마다 얼음자루에서 흡입하고 있는 모습은 참으로 웃음을 참을 수 없을 정도로 가관이어서 그것만으로도 나는 절로 웃음이 터져 나왔다. 그들은 곧 황홀경에 빠졌다. 어떤 사람은 얼음자루를 밀쳐 내고 우스꽝스러운 모습인 줄도 의식하지 못한 채 거친 호흡을 몰아쉬고 어떤 사람은 입을 늘어지게 벌리고 두 손가락으로 코를 틀어잡고 있었다.

어떤 사람은 테이블과 의자 위로 뛰어 올라가고 어떤 사람은 알아듣지도 못할 말을 혼자 계속 떠들고 있었다. 또 어떤 사람은 함부로 아무나 잡고 싸우려 하고, 어떤 젊은 신사는 강제로 부인에게 키스를 하려고 했다. 이 남자는 가스를 거의 흡입하지 않아 자신이 하고 있는 짓을 충분히 인식하고 저런다며 험담하는 사람도 있었다. 몇 분이 지나자 이 광란은 정상으로 회복되었다."

웃음 가스는 '잔소리가 심한 아내를 고친다'는 한 만화가의 그림

발치에 마취제를 사용하다

여러 해에 걸쳐 웃음 가스는 기이한 화학물로, 장난감으로

사용되거나 광란의 파티에 사용되었을 뿐이었다. 이 파티는 영국에서는 매우 인기가 있었다. 많은 손님이 흡입하고 기분이 들떠 바보스러운 짓을 저질렀다. 끝내는 얼빠진 소동으로 이어져 세상 사람들의 손가락질을 받는 경우도 많았다. 이와 같은 파티는 미국에서도 한때 유행했다.

그 한 파티에 코네티컷 주 치과 의사인 호레이스 웰스 (Horace Wells, 1815~1948)가 참석했다. 그는 웃음 가스를 흡입한 한 젊은이가 벤치에 걸려 넘어져 정강이의 표피가 벗겨진 것을 보았다. 그러나 그 당사자는 자기 살이 벗겨진 사실도 전혀 느끼지 못하는 것 같았다. 그래서 웰스는 이빨을 뽑을 때 사전에 이 가스를 흡입시키면 통증을 느끼지 않고 끝낼 수 있을 것이라고 믿었다. 그는 자기 생각이 옳은지 그른지를 실험해 보기로 결심했다. 다른 사람을 쓰는 대신 먼저 자기 자신이 환자가 되었다. 가스의 효력이 지속되는 사이에 자신의 건강한 치아를 하나 뽑았지만 통증은 전혀 느껴지지 않았다. 그는 바늘로 찔린 것만큼도 느껴지지 않았다고 했다.

이 무통발치법(無痛拔齒法)의 소식이 널리 퍼져 웰스는 어느 학급의 학생들 앞에서 증명 실험을 한 기회를 얻었다. 불행하게도 그가 그때 환자에게 흡입시킨 가스는 농도가 너무 약했다. 환자는 이가 뽑히기 전에 이미 마취에서 깨어나 아프다고 소리쳤다. 관중들 중에는 그것을 도에 넘치는 장난질이라 생각해 크게 비웃는 사람도 있었다고 한다. 웰스에게는 사기꾼이란 딱지가 붙었다.

그러나 이 증명 실험은 하나의 좋은 결과를 낳았다. 그 자리에 참석했던 윌리엄 모턴(William T. G. Morton, 1819~1868)이라는 치과 의사는 웃음 가스 대신 에테르(ether)를 환자에게 흡입시켜 통증 없이 발치할 수 있었다(1846년). 이 소식은 빠르게 전파되었다. 그리하여 에테르는 발치할 때만 아니라 미국의 외과 의사가 수족의 절단 같은 대수술 때 필수적으로 사용하게 되었다.

클로로포름의 마취 작용을 발견하다

그 후 런던의 외과 의사 몇 사람이 에테르를 사용하기 시작했으며, 그중 한 사람이 시술한 수술은 큰 호평을 받았다. 소문을 듣고 영국 스코틀랜드의 중심 도시 에든버러(Edinburgh)의 산부인과 의사인 제임스 심프슨(James Young Simpson, 1811~1870) 교수는 이 새로운 기법을 보기 위해 런던으로 달려왔다. 그는 깊은 감명을 받고 곧 분만의 고통을 덜기 위해 에테르를 사용할지 여부를 고민했다. 그러나 에테르는 불쾌한 부작용이 있었으므로 에테르를 대신하는 다른 물질을 찾고 있었다.

그는 다른 여러 종류의 물질을 테스트했다. 일이 끝나면 친구들을 자택에 초대해 그들을 상대로 실험을 실시했다. 그는 항상 테스트하려는 액체를 한 스푼 가득 컵에 넣고 그 컵을 대야에 담은 열탕에 담구었다. 열로 액체는 증기로 변해 솟아올랐다. 심프슨과 친구들은 각자 자기 몸이 느끼는 효과에 주의를 기울이면서 천천히 그리고 신중하게 들이마셨다.

1847년 11월 어느날 다음과 같은 사건이 일어났다.

"어느 날 밤 늦게 하루의 업무를 끝내고 피곤한 몸으로 집에 돌아오자 심프슨 박사와 친구이며 조수인 케이스 박사와 던컨 박사는 심프슨 박사의 집 식당에서 의자에 앉아 위험한 연구를 시작했다. 그들은 이미 많은 물질을 흡입했지만 별 효과가 없었다. 그때 심프슨은 클로로포름(chloroform)이라는 무거운 액체를 실험해 보려는 생각을 했다."

이 액체는 1831년에 발견되었지만 발견 이후 오랫동안 어디에 쓸지 몰라 방치되어 왔다. 심프슨은 컵 여러 개에 클로로포름을 조금씩 나눠 담고 친구들에게 컵을 코 밑에 가까이 가져가 증기를 마셔 보라고 했다.

"당장 예사롭지 않은 쾌활한 기분이 그들을 사로잡고 행복감에 빠뜨렸다. 또 수다스러워지며 저마다 이 새로운 액체의 방향(芳香)을 칭송했다.
대화는 이상하리만큼 지성적이어서 듣는 사람으로 하여금 매료케 했다. 듣고 있던 사람은 가족 중의 여성 몇 명과 심프슨의 처남인 한 해군 장교였다. 하지만 그들은 돌연 쿵쿵거리는 소리가 들리는 것 같은 느낌이 들더니 소리는 점점 커졌다. 그 뒤 한순간에 모두 조용하더니 곧 '꽈당!' 하는 소리와 함께 그들은 모두 바닥에 엎어졌다."

심프슨 박사가 눈을 떴을 때 먼저 머리에 생각한 것은 이

그날 밤, 클로로포름의 마취 작용이 발견되었다.

가스는 에테르보다 강하고 좋다는 것이었다. 그 다음에 그는
자신이 바닥에 누워 있다는 것을 알았다. 또 친구들이 주위에
나뒹굴어져 있는 모습을 보고는 당황했다.

소리를 듣고 그가 살펴보니 던컨 박사는 의자 밑에서 입을
벌리고 목을 굽혀 전혀 의식이 없으면서도 놀라울 정도의 큰
소리로 코를 골고 있었다. 다른 소리도 들리고 무엇인가 움직
이는 기척도 있어 돌아보니 케이스 박사의 다리가 저녁 식탁
을 걷어차 그 위에 놓인 집기들이 전부 쏟아진 듯했다.

세 의사는 모두 말끔히 회복한 후에 자기들의 체험을 논의
했다. 그들은 이 물질을 마취제로 사용하는 것이 바람직하다
는 데 동의하고 좀 더 테스트하기 위해 몇 번 더 흡입해 보기
로 의견이 일치했다.

이번에는 부인도 한 사람 참가시켜 테이블에 둘러앉았다. 그들은 한 사람 한 사람 가스를 들이마시며 준비한 클로로포름이 떨어질 때까지 계속했다.

"그날 밤의 잔치가 끝난 것은 새벽 세 시경이나 되어서였다. 그러나 이 시간 이후는 클로로포름의 밑천이 떨어졌기 때문에 어떻게 하면 그 짓을 더 효과적으로 실행할 수 있을까 그 방법을 알려고 이 책 저 책을 뒤지는 데 시간을 보냈다."

무통분만법의 탄생

이와 같은 일련의 실험을 통해 클로로포름이 안전하고 적절한 마취제라는 것을 확신했으므로 심프슨 박사는 에든버러 왕립병원에서 그것을 시험하기로 결정했다. 1847년 11월 어느 날, 3건의 작은 수술이 예정되어 있었다.

심프슨의 최초의 환자는 영국 스코틀랜드 북부의 하일랜드(Highland) 주에 사는 4, 5세의 소년으로 아래팔(前腕)에서 죽은 뼈를 잘라 내는 수술이 필요했다. 손수건에 클로로포름을 약간 적셔 소년의 얼굴에 덮는 간단한 방법으로 진행되었다. 이 마취제는 그 소년의 경우는 물론 그날 수술을 받은 다른 두 환자 모두 멋진 성공을 거두었다.

그 후, 심프슨 박사는 분만의 고통을 없애기 위해 클로로포름을 사용해 보기로 결심했다. 최초의 환자는 그의 친구 의사의 딸이었다. 클로로포름을 사용해 반(半)마취 상태로 하는 방법은 크게 성공했으므로 그 어머니는 무통분만(無痛分娩)을 기념해 아기의 이름을 애너스시저(Anesthesia: 마취)라고 지었다고 한다. 그것이 사실인지 아닌지는 알 수 없으나 어떻든 이 출산은 클로로포름을 사용하는 무통분만이 자리 잡는 데 큰 공헌을 했다. 이로부터 11일 만에 심프슨은 무려 50건의 분만에 이를 사용했다.

클로로포름을 마취제로 사용하는 문제는 많은 비판도 따랐다. 의학 관계 인사들뿐만 아니라 마취제를 사용하는 것은, 특히 분만의 고통을 없애기 위해 마취제를 사용하는 것은 성서에 위배되는 행위하고 생각하는 사람들이 크게 비판했다. 그 무렵 많은 사람은 신은 우리 인간들을 만들 때 때로는 고통을 체험하도록 의도적으로 만들었을 것이며, 만약 그렇지 않았다면 신은 우리 인간을 지금보다 다른 형태로 만들었을 것이라고 믿고 있었다. "나는 네가 임신해 커다란 고통을 겪게 하리라. 너는 괴로움 속에서 자식을 낳으리라"에 관한 창세기 제3장의 인용이 반대론의 주요 근거였다.

"일종의 종교상의 근거로 연약한 인성을 육체의 고통이라는 불행과 고문에서 구할 따름인 인공의 마취에 의한 무의식 상태를 야기해서는 안 된다고 역설하는 사람들은 우리의 눈앞에 가장 위대한 실례가 놓여 있는 것을 잊고 있다. 나는 인간에게 이루어진 최초의 외과 수술 준비와 상세히 묘사한 그 특이한 기술을 기억하고 있다. 그것은 창세기 제2장 21절에 기술되어 있다. '그리하여 주 하느님께서는 아담에게 깊은 잠이 쏟아지게 하신 다음 그의 갈비뼈(肋骨) 하나를 빼내시고 그 자리를 메우셨다'고 하셨다.

빅토리아 여왕과 무통분만법

1853년에 영국에서 신분이 가장 높은 어머니인 빅토리아(Victoria, 1819~1901) 여왕이 레오폴드(Leopold) 왕자를 낳을 때 클로로포름을 사용했다. 유명한 마취 전문의 존 스노(John Snow, 1813~1858) 박사가 이 액을 손수건에 적셔 여왕의 코 가까이에 가져다 댔다. 그는 간격을 두고 그것을 1시간 가까이 반복했다.

여왕의 주치의인 제임스 클라크 경(Sir James Clark)은 후에 심프슨에게 다음과 같이 썼다. "폐하께서는 지난 번 출산 때 클로로포름을 사용하셨다. 그것은 훌륭한 작용을 하여 여왕이 의식을 잃을 정도로 강하게 마취된 적은 한 번도 없었다. 폐하는 그 효과를 매우 만족해하셨다. 그것을 이용하지 않았더라면 이렇게 빨리 회복되지 못했을 것이다." 1857년 4월 14일 여왕은 베아트리스(Beatrice) 왕녀를 출산할 때도 또 클로로포름을 사용했다. 클로로포름은 "이번 역시 깊은 효력을 미쳐 여왕은 만족의 뜻을 표명하셨다."

많은 부인이 충실하게 여왕의 예에 따라 클로로포름을 사용하는 분만법이 급속하게 늘어났다. 스노 박사의 시술은 크게 인기가 있었다. 어떤 여자 환자는 흥분해 크게 떠들면서 스노 박사가 여왕이 클로로포름을 흡입하는 동안 무슨 말을 했는지 알려 주지 않으면 더 이상 증기를 흡입하지 않겠다고 버티었다. 의사가 "폐하는 지금의 당신보다 훨씬 오래도록 흡입할 때까지는 아무런 질문도 하지 않으셨습니다. 당신도 여왕님처럼 흡입하십시오. 그러면 내가 속속들이 모두 이야기해 드리겠습니다." 환자는 여왕에 예를 따른 결과 "수초 내에 여왕에 관해서도 귀족에 관해서도 모두 망각했다." 하지만 그녀가 의식을 회복했을 때는 "지식에 대한 갈망이 아직 그녀의 혀 끝에 맴돌고 있는 것을 방치하고" 스노 박사는 집으로 돌아가 버린 후였다.

총창 요법과 사지절단술을 개혁한 파레

젊은 종군 외과 의사로서 경험이 낳은 성과

옛날에는 끓인 기름으로 혈액 중독을 치료

수술 때 마취제를 사용하게 됨으로써 외과(外科)의 치료 방법은 크게 변했다. 『삼국지』를 보면 관우가 번성(樊城)의 싸움에서 조인의 독화살을 맞고 뼈가 썩어갈 때 마침 당대의 명의(名醫)인 화타(華佗)가 찾아와 살을 도려내고 뼈를 깎는 장면이 나온다. 당시는 마취제 같은 것이 없었으므로 화타 자신이 수술하는 동안의 모진 고통을 걱정했지만 관우는 대수롭지 않다는 듯 그까짓 고통쯤 못 참겠느냐며 태연히 바둑을 두며 참아 낸다.

굳이 『삼국지』까지 거슬러 올라가지 않더라도 다음 삽화에서 보는 것처럼 마취제가 사용되기 이전의 수술에서는 건장하고 힘이 센 조수가 수술할 환자가 옴짝달싹 못 하도록 어깨를 누르고 다른 한 사람은 다리를 꽉 눌러잡고 있다. 그러고도 안심이 되지 않아서인지 수술할 다리는 쇠사슬로 수술대에 매여 있다. 의식이 멀쩡한 사람의 살을 도려내거나 절단해야 하니 환자의 고통은 얼마나 심했겠는가.

삽화에서 앞쪽에 보이는 화로에는 인두가 네 개 꽂혀 있는데, 이 인두는 불에 달구어 칼질한 부분을 지짐으로써 유혈을 막기 위해 사용되었다.

전장(戰場)에서는 절단 수술을 하는 경우가 당연히 많았다. 제1차 세계대전 때만 해도 수송력이 충분하지 못했기 때문에

독일의 외과 의사인 힐덴의 파브리(Wilhelm Fabry von Hilden, 1560~1636)가 절단 수술을 하는 모습

현지에서 수술하는 경우가 빈번했다. 특히 중세(中世)의 치료 방법은 거칠고 또 시간적으로 때늦은 경우가 많았다. 총상에 대한 처치법도 아직 충분히 연구되지 못했다. 탄환이 총신에서 튀어나간 때는 매우 뜨겁기 때문에 그것을 맞으면 근육은 화상을 입게 된다고 믿었다. 그래서 우선 총상 자리에 쐐기를 박아 벌린 다음 끓인 기름을 흘리는 것이 일반 치료법이었다. 이렇게 해야 혈액 중독을 막고 상처의 살이 기름에 덮여 외기를 차단할 수 있다고 생각했다.

당시의 군대는 병사들의 부상에 대처하는 준비를 거의 하지 않아 민간인 의사나 외과 의사가 전장까지 따라가 부상당한 병사들로부터 돈을 받고 치료했다는 기록도 있다.

파레는 상처 치료에 찬 기름을 사용하다

프랑스 사람 암브로스 파레(Ambroise Paré, 1509~1590)는 1537년에 의사 자격을 취득했다. 그 무렵 프랑스는 지금의 이탈리아 토리노(Torino) 시와 전쟁을 했었다. 파레는 군대를 따라가 토리노를 점령할 때 그곳에 있었다. 프랑스군은 승리에 도취해 시내로 진입하자 온갖 약탈을 자행했다. 파레는 그 전투의 양상을 기록했는데, 그 기록을 보면 당시의 부상자가 어떠한 취급을 받았는가를 생생하게 엿볼 수 있다.

파레와 몇 명의 병사가 마구간을 발견하고 그날 밤 그들의

말을 매어 두려는 생각에서 마구간 안으로 들어가자 안에는 4
구의 사체와 중상을 입은 세 명의 병사가 있었다.

"내가 애절한 마음으로 그들을 바라보자 나이 든 한 병사가
내 곁으로 다가와 자기들을 치료할 방법이 있느냐고 물었다.
내가 없다고 대답하자 나이 든 병사는 중상자들 쪽으로 가 침
착하게 아무런 악의도 없이 그들을 죽였다. 내가 그에게 당신
은 악한이라고 하자 그는 말하길 만약 내가 이렇게 부상을 당
한다면 언제까지나 고통 속에 신음하지 않도록 누군가가 마찬
가지로 죽여 주기를 신에게 빌었다고 했다."

그 전투는 치열해서 부상자가 속출했다. 파레는 그가 배운
대로 처리했다. 상처를 쐐기나 클립으로 벌려 그곳에 끓인 기

파레가 병사의 상처 부위에 찬 기름을 흘려 넣고 있다.

름에 당밀을 혼합한 것을 부어 넣었다. 그러나 부상자가 너무 많았으므로 많은 부상자를 남겨 놓고 준비한 기름(물론 끓인 것)이 떨어졌다. 그러나 아무런 처치도 하지 않고 그 자리를 떠나기보다는 나을 것 같아 소화불량에 쓰는 혼합물을 사용했다. 그것은 달걀의 노른자와 테레빈유 등을 섞어 만든 것이었다. 파레는 그것을 가열하지 않고 찬 그대로 상처에 사용했다.

후에 파레는 자신의 체험을 다음과 같이 적었다.

"그날 밤 나는 편안히 잠잘 수 없었다. 끓인 기름을 사용하지 못한 부상자들이 상처의 독으로 인해 죽게 될까 겁이 났다. 그래서 다음 날 아침 일찍 일어나 그들을 살펴보았다. 그 결과 예상과는 달리 내 혼합물로 처치한 사람들은 거의 통증을 느끼지 않았고 상처는 붓지도 곪지도 않아 그날 밤 잘 잤다는 것을 알았다.

끓인 기름을 사용한 다른 부상자들은 열이 나고 통증이 심하며 상처가 부어 있었다. 그래서 나는 이제부터는 총상을 입어 비참하리만큼 애처로운 상태에 있는 부상자들에게 끓인 기름을 부어 이렇게 화상을 입히는 짓은 결코 하지 않아야겠다고 결심했다."

혈관결색법을 발견하다

파레는 전장에서 이렇게 우연히 차가운 바르는 약이 끓인 기름보다 우수하다는 것을 발견했지만 이 전쟁이 끝난 후 얼마 지나지 않아 어느 유명한 외과 의사를 찾아가 그를 설득해 새로운 고약(膏藥)의 비밀 처방법을 배웠다.

"그는 나에게 지시해 강아지 두 마리, 지렁이 1파운드, 백합 기름 2파운드, 테레빈유 6온스, 알코올 1온스를 준비시켰다. 내가 보는 앞에서 그는 강아지를 삶아 뼈에서 살을 발라냈다. 다음에는 지렁이를 죽여 포도주로 씻은 다음 개고기와 섞었다. 그것을 기름 속에서 진하게 고운 다음 즙액을 남김없이 밖으로 집어냈다. 다음에 그 기름을 수건에 걸러 테레빈유를 가하고 끝으로 알코올을 가했다. 그 후에 그는 나에게 이 귀중한 선물을 넘겨주어 나는 고마운 마음으로 받아들고 파리로 왔다."

강아지의 기름 고약이란 것은, 지금의 우리들 입장에서 보면 참으로 어처구니없는 것으로 생각되지만 500년 정도 옛날에는 고약뿐만 아니라 먹는 약까지도 마찬가지로 기묘한 재료로 만들어졌었다.

파레는 또 수족을 절단한 후의 처치법을 개량한 점에서도 명성이 높다. 그 자신이 쓴 글에 의하면 젊은 시절 종군 외과 의사로 근무한 덕분에 그는 수족 절단에 능숙했다. 전투, 접근전, 기습, 도시와 요새 등의 포위 공격 현장에 있었기 때문이다. 더 젊었을 때는 그도 수족의 일부를 절단한 후 칼을 댄 부분을 불에 달군 인두로 지지는 당시의 외과 관례를 따랐다. 열로 살을 지지면 과도한 출혈을 막을 수 있었다. 그러나 그는 더 좋은 방법을 발견해 다른 외과 의사들에게 다음과 같은 조언을 했다. "수족을 절단한 후 유혈을 막기 위해 뜨거운 쇠를 사용할 필요가 없다. 그토록 잔인한 처리를 하지 않고도 더 확실하고 쉬운 방법이 있다. 그것은 혈관을 결박해서 적은 고통으로 혈액의 유출을 막는 방법"이다.

성 바르톨로뮤 축일의 학살*을 모면하다

외과 의사로서 유명세를 탄 파레는 프랑스왕 샤를 9세 (Charles Ⅸ)가 사소한 부상이 악화되어 위험한 상태에 이르렀을 때 부름을 받아 치료를 했다. 그의 치료는 매우 성공적이었으므로 그해, 즉 1552년이 지나기 전에 왕실 외과 의사로 임명되었다. 국왕 샤를 9세는 당시 아직 연소했으므로 가톨릭 교도이던 모친 카트린 드 메디치(Catherine de Médicis, 1519~1589)는 마음대로 국정을 전단(專斷)했다.

프랑스에서는 여러 해에 걸쳐 가톨릭과 프로테스탄트(위그노라고도 한다) 간에 격렬한 종교전쟁이 계속되었다. 1572년에 싸움이 겨우 끝나 가톨릭 신자인 샤를의 누이동생 마가렛 공주와 위그노의 지도자 나바르 왕이자 위그노 신자였던 앙리의 결혼식에 초대받은 손님으로 파리는 몹시 혼잡했다. 발칙한 여왕은 적을 싹 쓸어버릴 절호의 기회라 생각하고 연약한 왕

---

* 프랑스에서 1572년 8월 23일 밤부터 다음 24일에 걸쳐, 성 바르톨로뮤(Saint Barthelemew) 축제일에 황후 카트린 드 메디치 등이 자행한 신교도 학살사건. 파리에서만도 수천 명, 전국적으로는 약 1만 명이 살해되어 위그노전쟁의 격화를 초래했다.

을 설득해 당시 파리에 머물고 있는 위그노 신자 전부를 학살하라는 명령을 내렸다. 살육 개시의 신호는 교회의 종소리로 정했다.

성 바르톨로뮤 축일(8월 24일) 아침 종이 울렸다. 불과 몇 시간 안에 몇천 명의 프로테스탄트가 부자이든 가난한 사람이든, 귀족이든 평민이든 구별 없이 국왕의 부하에 의해서 학살당했다. 실제로 국왕 자신까지 피에 굶주린 듯이 "놈들을 죽여라, 놈들을 죽여라!"라고 소리치면서 피해 달아나는 위그노들을 향해 총을 쏘았다고 한다.

매우 소수의 프로테스탄트만이 생명을 보존할 수 있었다. 그 생존자 중에는 나바르왕과 또 한 사람의 왕족이 포함되어 있었다. 두 사람 모두 프랑스왕의 면전에 호출되어 학살이 임박하다는 말을 들었다. 두 사람 다 자신의 신앙을 바꾸겠다고 선서했으므로 학살이 끝날 때까지 안전한 장소에 숨겨졌다. 파레도 위그노였으므로 역시 국왕 면전에 호출되어 신앙을 바꾸라는 명령을 받았다. 그러나 파레는 그 요구를 거부하고 자신이 왕실 외과 의사로 임명되었을 때 국왕은 미사에 가는 것을 강제하지 않겠다고 약속했던 사실을 환기시켰다.

그래서 국왕은 세계적으로도 기여하게 될지 모르는 인물을 죽이는 것은 무분별한 짓이라고 판단해 파레를 살려 주었다. 파레는 사태가 진정될 때까지 외출을 금하고 웅크리고 있다가 살육을 노리는 괴한들이 침입하면 옷장 속에 숨어 있으라는 지시를 받았다. 그렇게 해서 파레는 생존할 수 있었고, 샤를의 후계자뿐만 아니라 동료인 위그노의 학살을 선동한 카트린의 외과 의사로 봉사했다.

파레를 세계적으로도 기여하게 될 인물로 평가한 프랑스왕의 평가는 곧 현실적인 것이 되었다. 그의 명성, 왕실 외과 의사로서의 지위, 그의 교육 경험, 수많은 사람에게 읽힌 그의 저서는 상처 치료에 찬, 통증을 완화시키는 고약과 기름의 사용을 권장하는 데 큰 기여를 했다.

만약 파레가 젊은 종군 외과 의사로 최초의 전투에 참가했을 때 끓인 기름이 품절되지 않았더라면 이 치료법의 확립은 늦어졌을지도 모른다.

기적의 나무껍질
처음에는 정복자들에게 비밀로

백작부인 아나

17세기 초반에 이르자 남아메리카 곳곳에는 스페인 사람들의 정주 지역이 늘어났다. 현재의 페루(Peru)도 그러한 식민지 중 하나였다. 스페인 사람은 남아메리카의 원주민을 인디언(Indian)이라 불렀다. 그리고 그곳 사람들은 스페인과는 여러 가지로 다른 풍습을 가지고 있으며, 식물들 역시 크게 다르다는 것을 알았다. 인디언들은 그러한 많은 낯선 식물을 약으로 사용하는 것이 오래전부터의 관습이었다.

인디언들이 사용하는 약 중의 하나는 '생명의 나무'라고 하는 것의 나무껍질(樹皮)에서 얻는 것이었다. 나무껍질을 가루로 만들어 물에 타 마셨다. 이 약은 말라리아라는 열병에 걸린 많은 사람을 치유했다. 말라리아는 열대 습지대에 매우 흔한 병이었다.

'기적의 나무껍질'에 관해 전래되는 이야기는 많은 의학 일화 중에서 매우 흥미로운 것의 하나여서 그런지 여러 가지 다른 형태의 이야기가 있다. 그중의 하나에 의하면, 주인공은 스페인의 한 지방 아스트루가(家)의 공작 막내딸 아나였다. 아나는 1621년에 매우 유명한 오랜 가계의 귀족과 결혼했다. 그 귀족의 이름은 칭호를 생략하지 않고 말하면 '시논 백작, 하르디모로 남작, 세고비아 세습시장, 돈 루이스 제로니모 페르난데스 디 카보레라 이 보다디야'이지만 여기서는 간단하게 시논 백작이라고만 부르기로 하겠다.

시논 백작은 남아메리카의 새로운 식민지 총독으로 임명되어 페루의 리마(Lima)에 부임하자 자신의 거처와 부하들을 거느리고 정무(政務)를 보기 위한 궁전을 짓기 시작했다. 인디언의 존장(尊長)들은 스페인의 정복자들과 자유로이 교제하려고 하지 않았다. 특히 그 지방에서 생산되는 약을 스페인 사람들에게는 비밀로 하도록 단속했다고 한다. 그중 하나에 기적의 나무껍질에서 얻는 약이 있었다. 존장들은 가끔 주민들을 '생명의 나무' 아래 불러 모아 만약 스페인 사람들에게 이 나무껍질의 비밀을 누설하는 사람이 생긴다면 그는 죽음으로 그 죗값을 치르게 될 것이라고 경고했다고 한다.

1638년에 궁전이 완성되었으므로 총독은 본국에 사람을 보내 백작부인을 모셔 왔다. 그녀가 리마에 도착하자 장엄한 환영 행사가 거행되었으며, 그때 강제로 참석시킨 인디언의 소녀들이 열을 지어 행진했다. 소녀들을 선두에서 이끈 사람은 그중 가장 미녀인 즈마로, 그녀는 젊은이들의 리더인 미르방이라고 하는 사람의 아내였다. 즈마의 미모는 백작부인의 관심을 끌어 부인은 그녀를 시녀의 한 사람으로 임명했다. 두 사람은 오래 지나지 않아 좋은 친구 사이가 되었다.

시녀 즈마 투옥되다

한때 백작부인이 열병에 걸려 증상은 나날이 깊어만 갔다. 즈마는 정성스러운 마음으로 간호를 했으므로 부인은 잠시도 그녀를 옆에서 벗어나지 못하게 하며 어느 누구의 간호도 받지 않으려 했다. 그 때문에 스페인의 시녀 베아트릭스는 즈마를 극도로 미워했다. 무슨 수를 써서라도 그녀를 밀쳐 내려고 음모를 꾸몄다.

어느 날 베아트릭스는 백작에게 '부인 마님이 병들게 된 진짜 원인은 즈마가 말라리아와 비슷한 병을 앓게 하는 기이한 인디언의 독을 매일 마시게 한 때문이라고 소곤거렸다. 그래서 백작은 즈마를 엄중하게 감시하기로 마음먹었다.

그날 밤, 백작과 베아트릭스는 백작부인의 침실에 있는 식기장(食器欌) 뒤에 숨어 즈마가 나타나기를 기다렸다. 사태는 베아트릭스의 의도대로 잘 맞아떨어졌다. 바로 그날 즈마 자신도 열병에 걸렸으므로 남편에게 나무껍질 가루를 조금 가져와 달라고 부탁했었다. 그러나 그녀는 그 나무껍질 가루를 탄약을 자기가 마시지 않고 여주인에게 드리려고 결심했다. 그러나 아무도 모르게 약을 조제해야만 했다. 혹시라도 다른 인디언 시녀가 스페인 사람에게 약을 조제해 먹인 사실을 알게 된다면 부족의 규율을 위반한 처벌을 받게 될 것이기 때문이다.

즈마가 침실에 들어갔을 때 부인은 자고 있었다. 즈마는 침대 가까이 다가가 끊임없이 주위를 살피며 약에 나무껍질 가루를 넣을 기회를 엿보았다. 식기장 뒤에서 숨어 본 백작은 그녀의 수상쩍은 거동으로 보아 무엇인가 나쁜 짓을 꾸미고 있다고 확신했다. 즈마가 부인에게 막 약을 마시게 하려고 했을 때 백작은 달려나가 그녀를 가로막았다. 즈마도 열병에 걸

백작부인에게 즈마가 나무껍질 가루약을 마시게 하려 할 때
숨어서 지켜보던 백작에게 들키고 말았다.

려 쇠약한 상태였으므로 발각에 놀라 정신을 잃고 나무껍질 가루를 바닥에 떨어뜨렸다. 백작은 독살하려 했다고 믿어 체포하라고 명령했다.

키나*나무 껍질의 비밀이 스페인에 알려지다

즈마가 체포되었다는 소식은 곧 여러 사람에게 알려졌다. 즈마의 남편인 미르방은 아내가 체포되었다는 소식을 듣자 그녀와 운명을 같이하기로 결심했다. 그래서 그는 백작에게 나무껍질 가루는 자기가 아내에게 전달했다고 자수했으므로 그도 그 자리에서 체포되었다. 부부는 피할 길이 없었다. 만약 진실을 밝힌다면 두 사람은 동포인 인디언들에 의해서 나무껍질의 비밀을 누설한 죄로 죽임을 당할 것이다. 그렇다고 비밀을 지킨다면 스페인 사람들이 두 사람을 살인음모죄로 죽일 것이다. 두 사람은 함구하기로 합의했고, 화형에 처한다는 선고를 받았다.

운명의 날이 다가왔다. 판결을 집행하는 모든 준비가 갖추어졌을 때 백작부인은 비로소 즈마가 자기 침실에 없다는 것을 깨달았다. 그는 자신이 와병 중에 일어난 전말을 들었으나

---

* 키나(kina): 열대 식물로 남미의 안데스 산지가 원산지로 현재는 자바 섬에서 대규모로 재배되고 있다. 잎은 대생(對生)하고 넓은 타원형이며, 담홍색의 향기가 있는 오판화(五瓣花)가 많이 피고 뒤에 삭과(蒴果)를 맺는다. 그 나무껍질로 말라리아의 특효약인 키니네를 만든다.

그녀가 자신에게 가해하려 했다는 사실을 도저히 믿을 수 없었다. 이어서 그녀는 이제 몇 분 후면 즈마가 죽게 된다는 것을 알고는 섬뜩했다. 그녀는 곧바로 밖으로 나가 처형장으로 안내하라고 소리쳤다. 병이 문제가 아니었다. 다행히도 처형 직전에 형장에 도착할 수 있어 즈마와 그 남편을 궁전으로 데리고 왔다.

미르방과 즈미의 존장은 이 이야기를 듣고 백작부인이 보여준 친절에 보답하기로 결심했다. 존장은 백작에게 즈마는 무죄라는 것을 알리고, 그에게 비밀의 나무껍질을 조금 나누어 주고 그것이 같은 병에 걸린 많은 사람을 구했다고 보증했다. 이 무렵에는 백작부인의 병도 더욱 위중한 상태로까지 악화되어 의사도 치료를 포기할 정도였다.

백작은 거의 자포자기해 나무껍질 가루를 받아 부인에게 마시게 했다. 그러자 다음 날 부인은 병세가 훨씬 나아졌다. 존장은 나무껍질 가루를 더 제공해 8일 만에 부인은 완전히 회복되었다. 백작은 거듭거듭 감사의 뜻을 표하며 존장과는 친구 사이가 되었다. 이어서 인디언들도 나무껍질을 이제 더 이상 스페인 사람들에게 비밀로 묻어 둘 것이 아니란 것에 뜻을 같이했다.

그로부터 몇 해 지난 1641년에 총독과 백작부인은 스페인 본국으로 돌아갔으며, 그때 부인은 기적의 나무껍질을 조금 가져갔다. 그녀는 그것을 남편의 영지(領地)에 사는 병자들에게 나눠 주었다. 백작의 영지는 마드리드 남쪽에 있어 토지는 비옥했으나 열병이 잦았다. 그리하여 스페인에서도 나무껍질은 말라리아와 기타 열병에 기막히게 효과가 있었다. 세월이 지남에 따라 그것은 '백작부인의 가루약'으로 불리게 되었다.

사실은 지어낸 이야기

1735년에 어떤 과학탐험대가 남미 지역의 숲을 조사해 많은 식물의 기록과 표본을 유럽으로 가져왔다. 그것은 1742년에 유명한 스웨덴의 박물학자 카를 폰 린네(Carl von Linné, 1707~1778)에 의해서 조사 분류되었다.

린네는 그 나무껍질을 얻은 나무의 이름을 '백작부인이 인류에 큰 공헌을 했다는 것을 기억시키는' 것으로 정하려고 했다. 그러나 그는 백작부인의 이름을 잘못 알려 주었기 때문에 신코나(Cinchona)라고 하게 되었다. 린네는 스페인의 식물학자가 잘못을 지적하기 전에 사망했으므로 이 이름이 그대로 확정되어 오늘에 이르고 있다.

근자의 연구로, 백작부인 아나에 관한 이 이야기는 그럴듯하게 지어낸 이야기란 사실이 분명하게 밝혀졌다. 그녀는 시논 백작이 총독이 되기 전에 이미 사망했으며, 백작을 따라서 페루에 간 여인은 두 번째 아내인 프란시스카였다. 또 백작이 기록한 일기가 발견되었는데, 거기에는 가족에 관한 사항이 거의 하루도 빠지지 않고 기록되어 있었다. 그에 의하면 백작부인 프란시스카는 딱 두 번 중 한 번은 후두염으로, 또 한 번은 기침이 났을 뿐이었다. 불행하게도 그녀는 스페인으로 귀국하는 도중에 사망했으므로 나무껍질의 지식을 전했을 리가 없었다.

키니네 대용품을 만들어 낸 전시 연구

키나나무의 껍질은 계속 천연 상태 그대로 사용되어 왔다. 그러다가 19세기 초반이 되어서야 화학적으로 연구되어 이 나무껍질에서 키니네(kinine)라는 약이 추출되었다. 키니네는 의학상 가장 많이 사용되는 약제 중의 하나로, 특히 말라리아에 대해 위력을 발휘했다. 열대 국가에 사는 수많은 영국 사람이 키니네 덕으로 이 병의 최악의 결과를 모면할 수 있었다. 키니네는 '영국 민족이 열대 아프리카와 동양에 일대 제국(一大帝國)을 건설하는 것을 가능케 했다'고 한다.

키니네에 관한 흥미로운 이야기는 백작부인 아나만으로 끝나지 않았다. 다른 종류의 그럴듯한 이야기가 1914년부터 18년까지 제1차 세계대전에서 비롯되어, 1939년에서 45년까지의 제2차 세계대전에서 다시 이어졌다. 유럽 국가들은 키나나무의 껍질을 수입에 의존해야 했지만 제1차 세계대전이 발발하자 독일은 봉쇄되어 수피(樹皮)의 공급이 중단되었다. 독일 의사들도 다른 나라의 의사들과 마찬가지로 각종 질병에 키니네를 처방한 경우가 많았다. 그래서 독일 과학자들은 대용품을 찾기 시작했다. 그들은 전쟁이 끝날 때까지 이 목적을 성공시키지 못하고 종전 후에도 연구를 계속했다.

1939년에 제2차 세계대전이 발발할 때까지 독일은 이미 1만 2,000종의 인조약물(人造藥物)에 의한 말라리아 치료의 예비 연구를 끝냈었다. 그중의 하나가 유력한 결과를 나타내어, 1939년부터 독일의 과학자들은 말라리아가 창궐하는 지역에서 이 약의 대규모 실험을 시작했다. 그러나 그 테스트가 막 시작되었을 때 제2차 세계대전이 발발함으로써 이 실험은 중단될 수밖에 없었다.

1940년대 초반에 전투는 말라리아가 맹위를 떨치고 있는 지방으로까지 확대되었다. 연합군에게 최대의 적 중의 하나가 바로 이 말라리아였다. 실제로 키니네나 다른 대용품이 없었다면 연합군은 그러한 지역에서 장기간의 작전 행동이 불가능했을 것이다.

전 세계 키니네 생산량의 90퍼센트 이상이 자바 등 동남아시아에서 자라는 나무에서 생산되지만 불행하게도 이들 지역은 당시 일본에 의해서 유린당하고 있었다. 그래서 영국과 오스트레일리아, 미국의 과학자들은 실험실에서 키니네 또는 그 대용품을 만들기 위한 중요 과제를 떠맡았다.

여기서 연합군은 적이 오래도록 연구해 획득한 지식을 이용해서 큰 이익을 거두었다. 미국과 오스트레일리아 과학자들은 독일의 과학자들이 연구한 실험을 접수해 그 중지된 단계에서부터 다시 연구를 시작했다. 오스트레일리아의 과학자들은 임상을 지원한 800명의 병사에게 말라리아를 인위적으로 걸리게 하고, 그 후에 이 약을 써서 치료를 시도했다.

이 실험 연구는 매우 성공적인 결과를 보여 주었다. 그리하여 약 덕분에 남서태평양관구와 동남아시아관구에 있는 연합군은 적(일본)이 말라리아 때문에 크게 고통을 받고 있는 시기에도 충분한 전투력을 발휘할 수 있었다.

또 미국의 과학자들도 독일이 연구한 약과 본질적으로 다름이 없는 1만 4,000종 이상의 물질을 선정해, 말라리아에 대한 효과를 조사한 결과 귀중한 성과를 거두었다. 미국에서는 오스트레일리아에서와는 달리 징역형에 처해진 사람들이 임상실험을 지원했다.

영국의 과학자들은 '키니네의 대용품이 아니라' 말라리아에 대해 현저한 효과를 나타내는 새로운 약을 만들어 내는 일에 노력을 집중했다. 그러한 약을 발견한 것은 화학약제 분야에서의 가장 중요한 전시(戰時) 발견의 하나였다고 할 수 있다. 그러나 오늘날에 이르러서 말라리아 치료용 키니네의 수요는 이미 예전 같지가 않다.

천연두와 종두 이야기

에드워드 제너와 젖을 짜는 여인

천연두는 옛날에도 두 번 걸리지는 않았다

지금으로부터 약 300년 전만 해도 천연두는 가장 무서운 전염병 중의 하나였다. 이 병에 걸리면 대부분은 사망하거나 천만다행으로 병이 낫더라도 얼굴에 얽은 흉터가 남아 곰보가 되었다. 심한 경우, 한번 유행되면 수천, 수만 명이 사망하는 재앙을 몰고오기도 했다.

이 병은 아득한 옛날부터 알려져 있었다. 또 한번 이 병을 앓은 사람은 이후 병이 창궐해도 두 번 걸리지 않는다는 사실도 알고 있었다.

기원전 1000년경 중국 사람들은 이 사실을 알고 젊은 사람들을 부추겨 인위적으로 이 병에 걸리도록 했고, 불행하게 그 사람이 죽게 될지라고 사회적으로 손실은 작다고 생각했었다. 인간의 생명의 가치를 이 정도밖에 생각하지 않았다. 그러나 만약 그 사람의 병이 낫는다면 두 번 다시 병에 걸리지 않을 것이므로 귀중한 존재였다. 그래서 병자로부터 짜낸 고름을 건강한 젊은이의 피부 밑에 심거나 콧구멍 속에 넣는 습관이 발달했다.

그러나 여기에는 몇 가지 단점도 있었다. 대부분은 옮긴 천연두 자체가 원인으로 사망했다. 또 이 치료를 받은 사람으로부터 다른 사람에게로, 더 연장자에게로 옮겨졌다. 그러나 이 습관은 중국에서 몇 세기에 걸쳐 이어져 왔으며, 나중에는 페르시아와 터키에까지도 전파되었다. 18세기 초반에는 어느 정도 개선된 방법이 영국에도 전파되었다. 즉, 접종(inoculation)이라는 것이었다.

접종하는 한 방법은 인간의 팔에 인위적으로 작은 상처를 내고 천연두의 부스럼 딱지에 묻은 고름을 그 상처에 문질러 바르는 것이었다. 접종을 받은 사람의 일부는 가벼운 천연두에 걸렸다가 곧 회복되고 그 뒤에는 다시 천연두에 걸리지 않았다. 하지만 회복하지 못하고 죽는 사람도 많았다. 어떻든 영국에서는 이 습관이 점차 확산되어 18세기 중반에는 크게 보급되었다.

제너, 젖을 짜는 여인에게서 배우다

천연두를 둘러싼 전설의 중심 인물은 에드워드 제너(Edward Jenner, 1749~1823)이다. 제너는 어릴 적부터 박물학 연구를 즐겨, 의사가 되기로 마음먹고 열심히 공부했다. 그 무렵 의사의 자격을 얻기 위해서는 13세 정도에 경험이 풍부한 의사 밑에서 수련하는 것이 상례였다. 일정 기간 봉사 수련한 후에 젊은이들은 보통 의학교나 또는 대학에 들어가 2년간 공부했다. 그래서 제너도 브리스톨에서 가까운 소드버리(Sodbury)라는 작은 마을에 사는 의사에게 도제(徒弟) 생활을 하며 환자뿐만 아니라 마을 사람들과도 자유롭게 사귀었다. 이러한 일련의 생활 후에 런던의 세인트조지병원(St. George's Hospital)에서 수업을 마쳤다.

도제 생활을 하던 1766년 어느 날, 농장의 젖을 짜는 사라 넴스(Sarah Nelmes)라는 여자가 소드버리의원에 진찰을 받으러 왔다. 우연히 천연두 이야기가 나왔을 때, 그 여자는 "아, 나는 절대로 천연두에 걸리지 않아요. 우두(牛痘)에 걸린 적이 있었거든요"라고 했다. 우두는 암소의 유방을 침해하는 병으로, 이 병에 걸린 소의 젖을 짜는 사람에게 옮겨지는 경우가 많다. 이 병에 걸리면 팔과 손에 천연두의 마마 자국 비슷한 사마귀나 도톨한 것이 생긴다. 가끔은 안면에 생기기도 하지만 안면만 아니라면 걸려도 크게 지장은 없다.

처음으로 종두를 실험하다

제너는 런던의 세인트조지병원에서 수업을 끝내고 1775년에 의사 자격을 얻어 그가 태어난 고향 마을로 돌아왔다. 훨씬 후에 그는 이전에 젖을 짜는 여인이 말한 것이 생각나 마을 사람들에게 물어본 결과 다른 사람들도 그렇게 믿고 있는 것을 알았다.

제너는 이 신앙 속에 진리가 포함되어 있는지 여부를 확인

소년에게 종두를 접종하는 제너. 오른쪽 젖을 짜는 여인의
손등에는 부스럼 딱지가 보인다.

해 보기로 결심했다. 그러기 위해 한 소년에게 의도적으로 우두를 옮기고, 그 후에 진짜 천연두를 옮기는 중대한 조치를 취하기로 했다.

제너는 우두에 걸린 사람의 종기에서 고름을 약간 긁어냈다. 그리고는 제임스 핍스(James Phipps)라는 건강한 여덟 살 소년의 팔에 작은 상처 2개를 내고, 그 상처에 고름을 약간 집어넣었다. 핍스는 가벼운 우두에 걸렸지만 곧 좋아졌다.

다음 처치는 약 7주일 후에 실시되었다. 제너는 천연두 환자의 종기에서 고름을 약간 긁어냈다. 또 소년의 팔에 자그만한 상처를 내고 거기에 천연두의 고름을 넣었다. 며칠이 지난 후 그는 젖을 짜는 여인이 했던 말이 틀림없는 사실이라는 것을 알았다. 핍스는 천연두에 걸리지 않았다. 그는 이미 가볍게나마 천연두에 걸렸던 적이 있어 고름의 나쁜 영향으로부터 벗어난 것이 명백했다. 의학 용어를 인용한다면, 우두는 그에게 천연두에 대한 면역력을 길러 준 것이다.

제너는 우두와 천연두가 유사하다는 것을 강조하기 위해 우두를 바리올라 바키내(variola vaccinae: 소의 천연두라는 뜻의 라틴어)라고 불렀다. 그로부터 몇 해 지나지 않아 우두의 고름을 접종하는 종두는 바키내에서 백시네이션(vaccination)으로 불리게 되고, 몇백 명의 사람이 천연두에 대한 면역을 얻기 위해 이 접종을 받았다.

종두에 대한 거센 공격

제너의 방법에 대한 세상 사람들의 반응은 찬부 반반이었다. 어떤 사람은 우두와 천연두는 전혀 다른 병이므로 제너가 우두를 바키내라고 명명한 것은 잘못되었다고 했다. 그리고 다른 사람들은 제너는 그의 종두가 천연두를 충분히 막을 수 있다는 것을 아직 결정적으로 증명하지는 못했다고 했다. 그리고 또 다른 사람들은 제너가 접종한 병자가 걸리는 우두라는 병은 천연두 자체와 거의 다름없을 정도로 역겹고 추잡한 것이라고 했다.

이어서 이것과는 전혀 다른 공격이 제너에게 가해졌다. 암소는 인간보다 하등 피조물이므로 그 생명 과정은 인간과는 다르다는 많은 사람이 품고 있는 신앙에 바탕한 것이었다. 그렇게 생각하는 사람들의 입장에서 보면, 인간의 혈액 속에 짐승의 물질을 주입한다는 것은 가슴이 매슥거릴 정도로 불쾌할 뿐만 아니라, 어떤 사람의 표현을 빌리면 "자연의 정상적인 진행을 뻔뻔스럽게 간섭함으로써 신의 섭리를 불신하는 짓"이라고 비난했다.

의료 분야의 사람들까지도 짐승의 물질을 인체에 주입하면 예상치 못한 여러 가지 무서운 결과가 발생할 것이라고 예언했다.

그중의 한 사람은, 다음과 같은 허풍을 섞어 공격했다.

"나는 우두에 관한 충격적인 이야기를 많이 들었다. 그중에서 지금 말하려는 것이 이제까지 발표된 사례 중에서 가장 놀라운 것인지 여부는 알 수 없지만, 페컴(Peckham)의 어떤 아이는 우두를 접종받은 후 생래의 성질이 완전히 변해 짐승 비슷하게 되었다. 그래서 그 아이는 황소처럼 네 발로 걸었다."

이와 같이 반대론이 또다시 일어나지 않도록 결정타를 날린 것은 인간이 몇천 년에 걸쳐 소고기며 양고기를 먹어 왔고 수백 세대에 걸쳐 우유를 마셔 왔음을 지적받았을 때였다. 그러했음에도 인간은 이제까지 짐승이 되지 않았으며, 페컴의 황소처럼 네 발로 걸은 적이 결코 없었다.

제임스 길레이의 만화 "제너와 천연두"

1802년 당시의 유명한 풍자 만화가인 제임스 길레이(James Gillray, 1756~1815)는 한 컷의 만화를 그려 다음과 같은 해설을 곁들였다.

"이 그림은 제너 박사가 자신의 발견을 실행하고 있는 모습과 아주 비슷하다. 구빈원(救貧院)에서 파견 나와 그의 조수로 근무하게 된 젊은이가 '암소에게서 이제 막 짜낸 따끈따끈한 우두 두흔(痘痕)'을 채운 통을 들고 있고(왼쪽 아래), 종두에 의해서 발생한 온갖 이변이 불행한 환자들 몸에 새겨져 있다. 종두는 글자 그대로 그 사람들에게 '악령이 씌인' 것이라고 할 수 있다. 배경의 액자 그림은 '황금 송아지' 숭배를 바탕으로 한 것으로, 사람들이 암소를 예배하고 있는 모습을 나타내고 있다."

이와 같은 비난들에도 불구하고 제너는 곧 이름이 알려져 외국의 많은 나라로부터 영예를 얻었다. 네덜란드와 스위스의 목사 일부는 설교 중에 신도들에게 종두를 접종받도록 적극 권유했고, 제너의 탄생일과 마찬가지로, 핍스가 종두를 접종받은 날을 축제일로 정한 나라도 있었다. 그리고 러시아에서는 종두를 최초로 접종받은 아이는 관비로 교육을 시키고, 백시네이션에 연유해 백시노프라고 이름을 짓기도 했다.

종두의 힌트는 어디서?

젖을 짜는 여인 이야기는 제너의 전기를 쓴 사람이 처음 언급한 것으로, 일반 사람들은 대부분 그것이 진실인 양 믿고 있다. 그러나 젖을 짜는 여인이 제너를 찾은 것은 1766년이라고 하는데, 그는 1788년까지도 그녀의 신원을 공개적으로 밝힌 적이 없었다는 것이다. 이 1788년에 제너는 우두에 걸린 젖을 짜는 여인의 손등에 생긴 부스럼의 그림을 들고 런던에 왔다. 그는 그 그림을 여러 사람에게 보였지만 어느 한 사람도 그 중요성을 공감하지 않았다고 한다.

제너는 다분히 1775년부터 우두에 관한 정보를 수집하기 시작한 듯하지만 실제로 종두를 최초로 실시한 것은 20년 정도 지난 1796년이 되어서였다. 그러므로 실제로 젖을 짜는 여인이 우연히 이야기한 것이 제너의 관심을 끌어, 우두로 천연두를 예방하기로 마음먹었는지 여부를 밝히기는 어렵다. 그러나 우두가 천연두를 막는다는 것은 영국 남서부에 있는 글로스터셔(Gloucestershire)라는 시골 지방에서는 널리 알려져 있었으므로 제너는 설령 젖을 짜는 여인이 아니었더라도 시골의 여러 사람으로부터 들었을 것이다.

새로운 의학적 치료법의 가치는 오랜 시행 이후에야 올바른 평가를 받게 된다. 종두는 1948년까지 길고 긴 시행(試行)을 거듭해 왔다. 그해 영국의 사회의 회장은 제너에게 다음과 같이 깊은 감사의 뜻을 표했다.

"18세기 종반은 실험 의학 분야에서 하나의 결정적, 획기적인 모험에 의해 명확한 획이 그어졌다. 그것은 19세기와 20세기에 거둔 모든 승리의 예언적인 서곡이었으며, 지금에 이르러서도 예방의학상 공전의 성과로 우뚝 솟아 있다. 그 모험이란 에드워드 제너의 우두를 사용한 실험이다."

한편 우리나라의 경우, 송촌(松村) 지석영(池錫永, 1855~1935)에 의해서 1879년 겨울 충북 충주의 덕산면에서 최초로 종두가 실시되었다. 지석영 선생은 1879년 일본 해군이 세운 제생의원(濟生醫院)에서 종두법을 배우고, 1880년에는 수신사 김홍집을 수행해 도일, 일본 위생국 우두종계소장 기쿠치(菊池康庵)에게 두묘(痘苗: 우두의 원료)의 제조법과 독우(犢牛: 송아지)의 채장법(採漿法)을 익혀 왔다.

또 1882년에는 전주에, 1883년에는 공주에 각각 우두국을 설치해 종두를 실시하고, 그 방법을 가르쳤으며, 1885년에는 『우두신설(牛痘新說)』을 저술하는 등 그야말로 종두 보급의 선구자였다.

배양균으로 백신을 개발한 파스퇴르
기회는 준비된 사람에게만 베풀어진다

미술 지망에서 화학으로 마음을 바꾸다

저명한 프랑스의 화학자이며 의학자, 생물학자인 루이 파스
퇴르(Louis Pasteur, 1822~1895)는 처음에는 미술을 지망했으나
유기화학자 장 자티스트 앙드레 뒤마(Jean Baptiste André
Dumas, 1800~1884)의 강연을 듣고는 화학을 전공하기로 마음
을 바꾸었다. 그는 파리의 고등사범학교를 졸업한 다음에는
스트라스부르(Strasbourg), 릴(Lille), 소르본(Sorbonne)의 각 대
학과 고등사범학교의 화학 교수로 근무하고, 최후에는 파스퇴
르연구소의 소장이 되었다.

파스퇴르의 최초의 연구는 광학이성질체(optical isomerism)였
다. 그리고 그가 연구한 것이 주석산(酒石酸, tartaric acid; 타르

장 바티스트 앙드레 뒤마   루이 파스퇴르

타르산) 용액이었으며, 이 물질에는 화학적 성질에는 차이가 없음에도 편광면을 오른쪽으로 회전하느냐(우선성 주석산, 또는 d-주석산), 왼쪽으로 회전하느냐(좌선성 주석산, 또는 l-주석산)로 구별되는 것이 있다는 것을 알았다. 또 주석산염(stannate)에는 d형이나 l형이냐에 따라 별형(別型)의 결정을 나타내는 것이 있었다. 이 결정의 차이는 서로 상대의 거울상(鏡像)으로 되었을 뿐 형상은 똑같다. 그는 이 발견으로 광학이성질체의 이러한 현상은 분자구조 속에 있음이 틀림없다고 결론을 내렸다. 이 업적으로 왕립협회로부터는 메달이, 프랑스 정부로부터는 훈장이 수여되었다.

발효에 관한 연구

1856년 한 양조업자가 릴 대학으로 파스퇴르의 실험실을

찾아왔다. 그 양조업자는 포도주를 보관해 두면 신맛이 나는
데, 왜 그런지 원인을 밝혀달라는 것이었다. 그 바로 후에 파
스퇴르는 우유가 시어지는 원인도 함께 연구하게 되었다.

당시 알코올 발효 때 침전하는 효모의 정체가 균류라는 사
실은 알고 있었다. 그는 발효를 일으키는 것은 효모임을 실험
으로 입증했으며, 포도주나 맥주를 오래 방치해 두면 시어지
거나 그와 유사한 현상이 일어나는 것은 구형(球形)의 효모가
가늘고 길게 되거나 기타 미생물의 관여에 기인한다는 것을 명
백하게 밝혔다(이 경우는 유산균). 그는 효모가 실패하는 것은
효모균 이외의 균 탓이라는 것을 밝혔고, 그것을 제거하는 방
법도 발견했다. 이것은 산업에 크게 기여하는 결과를 낳았다.

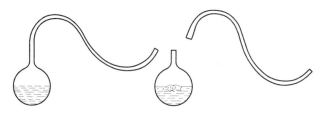

공기 속의 먼지와 세균을 제거하기 위한 플라스크 실험

파스퇴르는 발효의 연구에서 생물의 자연 발생 문제로 옮겼
다. 당시에는 일반적으로 자연발생설을 믿었다. 그는 이 믿음
을 타파하기 위해 1860년경에 유명한 실험을 했다. 먼저 목
부분이 길고 굽어진 플라스크를 사용했다. 플라스크에는 영양
액을 넣고 일단 끓인 다음 식혔다. 공기는 굽은 목을 통해 플

라스크를 침입하지만 세균이 부착한 공기 중의 먼지는 목의 곡면에 걸려 플라스크 안으로 들어가지 못한다. 이 경우 영양액은 언제까지나 신선했다.

그래서 이번에는 길다란 굽은 목을 절단해 버리면 플라스크에 있는 영양액은 세균이 부착해 부패되기 시작했다. 또 그는 술창고와 전원(田園), 산에 올라가 공기를 시험한 결과 모든 공기에는 빠짐없이 먼지와 각종 유기물(미생물도 포함)이 혼합되어 있음을 알았다. 이렇게 하여 그는 아무것도 포함되지 않은 청결한 공기를 만듦으로써 발효와 부패를 방지할 수 있다는 결론에 이르렀다. 이로써 자연발생설은 부정되었지만 한 술 더 떠 20세기에는 더욱 복잡한 형태로 자연발생설이 나타났다.

미생물에 의한 전염병의 발견

1866년, 프랑스 남부에서는 잠업 농가에 누에병이 유행해서 양잠업이 큰 타격을 받았다. 그 치료를 의뢰받은 파스퇴르는 수년 간의 연구 끝에 그것이 미생물에 의한 전염병이란 것을 밝히고, 세균이 붙은 누에와 뽕잎을 모두 없애 버리도록 지시했다. 그 결과 누에병은 발생하지 않게 되었다. 이 실험에 따라 그는 전염병이란 것은 미생물(세균)에 의해서 발생하는 것이라고 확신했다.

그의 연구 분야는 서서히 의학으로까지 뻗었다. 1880년에 프랑스에는 닭콜레라가 유행해 양계 농가들의 시름이 컸다. 콜레라라고는 하지만 인간에게 옮겨지는 병은 아니었다. 그러나 한참 심할 때는 닭 100마리 중 90마리나 죽는 경우도 있었다. 이 병에 걸린 닭은 얼마 지나지 않아 죽었다. 어제까지도 건강했던 닭이 오늘 닭장에도, 밭에도 사체가 널린 상태였다. 병에 걸린 닭은 겉보기만으로도 알 수 있었다. 날개가 축 처지고 깃털이 곤두서며 고무공처럼 부풀어 올랐다. 그리고는 잠들어 바로 죽었다.

　파스퇴르는 병에 걸린 수평아리 볏에서 혈액을 몇 방울 받아 그것을 닭고기 수프에 떨구었다. 이 식물 속에서 혈액에 함유된 세균은 급속히 늘어나기 시작해 단시간 안에 많은 세균이 배양되었다. 이 방법으로 그는 실험에 충분한 양의 닭콜레라균을 확보할 수 있었다.

　그가 배양한 세균이 들어 있는 수프를 빵조각에 약간 묻혀, 그것을 닭에게 먹이자 그 닭은 바로 병에 걸려 죽었다. 파스퇴르는 이것으로 무서운 닭콜레라균을 인공적으로 배양한 것을 확인했다. 이제 필요하면 어느 때나 닭에 병을 옮길 수 있게 되었다.

　그는 이 무서운 맹독성 배양균*을 사용해 얼마 동안 실험

---

* 파스퇴르는 많은 병이 세균에 의해서 야기되는 것으로 굳게 믿었지만 어떤 종의 세균은 배양하면 일종의 독소가 만들어지고, 그 독이 병의 직접 원인이 되는 수도 있다고 믿었다. 그는 이 독소를 바이러스(virus)라고 불렀다. 그러나 오늘날 바이러스라고 하면 세균보다 더 작은, 보통 현미경으

을 계속하다 곧 몇 주 동안 실험을 중단했다. 사용하고 남은
균은 실험실 안의 공기 속에 그냥 방치해 두었다.

묵은 배양균에서 예상 못한 발견을 하다

얼마 지나 파스퇴르는 그 실험을 계속했지만 새로운 균을
배양하지 않고 전에 사용하다 남겨 둔 균을 사용했다. 그는
알지 못했지만 이것이야말로 정말 행운을 가져다주었다.

파스퇴르는 그 남은 배양균을 암탉 몇 마리에게 주었다. 그

파스퇴르는 암탉에게 콜레라의 묵은 배양균을 먹였다.

로는 볼 수 없는 정도로 극도로 작은 물질을 이른다. 지난날에는 세균에
의해서 발병한다고 생각했던 병 중에 사실은 바이러스가 원인으로 발병한
것이 많았다.

는 이전과 마찬가지로 암탉이 중병에 걸려 곧 죽을 것이라고 예상했었다. 그러나 암탉은 약간 풀이 죽어 있기는 했지만 얼마 지나지 않아 회복되었다. 배양한 초기에는 확실하게 닭을 죽음에 이르게 한 배양균도 오래 묵은 것이기 때문에 병을 일으키는 힘이 약해진 것으로 생각되었다.

이 일이 있기 몇 해 전 파스퇴르는 "관찰 분야에서 기회는 준비된 사람에게만 베풀어진다"고 한 적이 있었다. 그 말이 딱 들어맞은 셈이다. 그는 우연히 수주 동안 공기에 노출시켜 둔 배양균이 새로 만든 균과는 달라진 것 같다는 사실을 발견했다. 그러나 결정적인 결론을 내리기 전에 우선 자기가 발견한 사실을 확인해야겠다고 생각했다. 그래서 그는 새로운 콜레라균을 배양해 그것을 시험관 여러 개에 나누어 담았다.

모든 시험관에 마개를 씌우지 않았다. 그리고 첫날 한 시험관의 배양균을 열 마리의 암탉에게 주었더니 여덟 마리가 죽었다. 며칠 지나 다른 시험관의 배양균을 또 다른 암탉 열 마리에게 주었더니 이번에는 다섯 마리가 죽었다. 다른 시험관의 배양균도 처음에는 며칠 간격으로, 후에는 몇 주일 간격으로 계속 시험했다. 예상한 바와 같이 배양균을 공기에 노출시켜 두면 암탉에게 중병을 일으키는 힘이 점점 사라지는 것을 알았다. 최후에는 모든 암탉이 가벼운 증세를 보이다가 곧 회복되었다.

파스퇴르는 이전부터 전염병에 관해 깊이 알고 있었던 덕분에 자기의 관찰을 이용하는 '준비가 되어 있었던' 사실을 명백히 했다. 다음 해에는 소와 면양에게 걸리는 탄저병 치료에도 그 병원균인 간균(bacillus)을 이식함으로써 매우 약한 간균에서 점차 강한 간균을 동물에 접종해서 면역시키는 것을 알았다. 1881년에 그는 어떤 농업단체의 요청으로 이에 대한 공개 실험을 했다. 그와 제자는 많은 사람이 모인 앞에서 48마리의 면양 중에서 반수인 24마리에 접종하고 최후에는 모든 면양에게 치사적 효과가 있는 양의 간균을 접종한 결과 24마리는 생존하고 24마리는 모두 죽었다. 참으로 극적인 실험이었다.

파스퇴르연구소의 생화학부 건물(왼쪽)과
파스퇴르 연구실 안의 한 실험실(오른쪽)

그는 또 광견병 연구에도 손을 뻗쳤다. 그 계기가 된 것은 그가 소년 시절에 광견병에 걸린 농민이 극심한 고통 끝에 사망하는 것을 목격했기 때문이다. 광견병 치료는 인명에 관한 것이기 때문에 탄저병 때보다 훨씬 절실한 문제였다. 그는 먼저 아직 규명되지 않은 광견병의 병원체가 어디에 있는지를 꾸준히 탐구했다. 그 결과 그것은 살아 있는 광견병 동물의 뇌와 골수 등에 있다는 것을 알았다. 그러나 이 병원체를 배양하는 방법은 온갖 수단에 실패한 후에 겨우 살아 있는 동물의 뇌 속에서 병원체를 배양할 수 있다는 것을 발견했다. 하지만 병원체를 쇠약하게 만드는 데에는 수개월이나 실험을 거듭해 마침내 성공했다.

이렇게 하여 그와 그의 협력자들은 매일 조금씩 강한 균을 사용해 14일간 계속 주사함으로써 개에게 면역력을 키울 수 있었다. 드디어 그는 1885년 7월 4일에 광견에 물린 아홉 살 소년의 병을 13회의 접종과 10일간의 처치로 치유했다.

파스퇴르연구소는 그의 업적을 기념하기 위해 널리 기금을 모아 파리에 건립되었으며, 파스퇴르는 66세에 사망할 때까지 소장으로 재직했다. 파스퇴르의 주요 저서로는 『포도주의 연구(*Études sur le vin*)』(1863), 『식초의 연구(*Études sur le vinaigre*)』(1866), 『맥주의 연구(*Études sur la bière*)』(1872), 『광견병 치료(*Le traitemet de la rage*)』(1886), 틴달(John Tyndall)과의 공저인 『유기미생물(*Les microbes organisés*)』(1887), 기타가 있다.

예방 접종의 공개 실험
많은 사람의 빈정거림을 극복하고

파스퇴르, 탄저병의 백신을 개발하다

과학사에서, 과학자가 공개된 장소에서 실험을 하여 그의 이론이 올바르다는 것을 증명하라는 도전을 받은 적이 몇 번 있었다. 몇 사람의 과학자는 많은 사람이 보는 앞에서 대규모 실험을 할 때의 조건은 좋은 설비와 편리한 실험실 안에서 소규모로 하는 테스트와는 전혀 조건이 다르다는 것을 알면서도 어려움을 무릅쓰고 그 도전을 받아들였다. 1881년에 프랑스에서도 이러한 도전과 수용이 있어, 그 실험은 세계의 이목을 집중시켰다.

루이 파스퇴르(Louis Pasteur, 1822~1895) 교수는 미생물의 기초를 다지는 데 가장 큰 역할을 한 사람으로, 그의 과학상의 업적은 이미 널리 알려져 있었으며, 어떤 유명한 신문은 그를 '프랑스 과학의 영광의 하나'라고까지 칭찬할 정도였다. 그러나 면양의 비탈저(脾脫疽. 이하 탄저병으로 호칭)에 관한 그의 이론은 여러 분야에서 논의가 분분한 상태였다.

그 당시 탄저병은 일반 농가에서 공포의 대상이었다. 특히 양을 기르는 사람들은 더욱 그러했다.

이 병으로 인한 목양업자의 손해는 연간 수백만 프랑에 이르렀다. 탄저병에 걸린 면양은 곧 다리에 힘을 잃어 무리를 따라가지 못했다. 이어서 비틀비틀 몸을 떨면서 괴로운 듯이 숨을 헐떡였다. 또한 이 병에 걸린 면양은 손쓸 새도 없이 갑자기 죽었기 때문에 양치기는 자기 무리의 양이 속속 쓰러지는 것을 보고서야 비로소 무리가 병에 걸린 것을 알게 된 경우도 허다했다.

파스퇴르는 자신의 연구 결과 탄저병으로 죽은 동물의 세균이 산 동물로 옮겨 이 병이 번지는 것이라고 결론을 내렸다. 그러므로 건강한 동물이 균에 오염된 목초지의 풀, 예를 들면 탄저병으로 죽은 동물이 매몰되어 있는 땅에서 자라는 풀을 먹으면 곧 전염될 것이라고 믿었다. 그러한 토지에서는 병으로 죽은 동물의 사체를 먹고 사는 곤충들이 몸에 세균을 붙인 채 지상으로 올라가기 때문이었다.

파스퇴르는 탄저병의 백신(vaccine)을 만드는 데 성공했다. 그러나 대부분의 의사와 수의사들은 그의 백신을 사용하려 하지 않았다. 게다가 파스퇴르의 태도는 완강해서 비판에 전혀 귀를 기울이려 하지 않았으므로 더욱이나 그의 이론은 사람들에게 받아들여지지 않았다.

공개 실험의 도전에 응하다

어느 날 파스퇴르는 면양을 우리에 가두어야 할 계절이 오면 자신의 백신을 대규모로 사용해 보았으면 하는 말을 했었다. 그러자 어떤 수의사가 기다렸다는 듯이 여러 말 끝에 자기가 공개 실험의 채비를 마련하겠다고 제의했다. 그는 만약 파스퇴르의 발견이 진실이라면 동료 의사들뿐만 아니라 목양업자들도 이용하게 할 것이라고 했는데, 바로 그대로 되었다. 다수의 농가와 기타 관계자가 실험 비용을 조달하기 위해 돈을 내겠다고 약속했다. 또 농업회(農業會)는 이 실험을 주관하기로 동의했다.

파스퇴르는 대부분의 의사와 수의사들, 그리고 발의한 사람들까지도 실험이 실패하기를 은근히 바란다는 것을 알고 있었다. 그러나 그는 성공한다는 확신이 있었다. 실험실 안에서 14마리의 면양으로 성공했으므로 목장의 50마리를 이용한 실험도 틀림없이 성공할 것이라고 자신했다. 그래서 그는 실패하면 조롱거리가 될 것임을 알면서도 이 위험한 도전을 쾌히 수락했었다.

그는 테스트를 수락했을 뿐만 아니라 실험의 구체적인 사항에 대한 규준 등 공연히 필요없는 것까지 합의했다. 어느 날 무엇을 하고, 또 어떠한 일이 일어날 것이라는 프로그램까지 자세하게 작성했던 것이다. 이렇게 되면 어떠한 사소한 실패도 변명하지 못하게 된다. 파스퇴르의 한 친구가 말했듯이, "그는 배수의 진을 쳤다"고. 어떤 의학잡지의 편집자는 다음과 같이 논평했다.

> "만약 파스퇴르가 성공한다면 그는 조국에 막대한 이익을 안겨줄 것이다. 그의 적은 옛날처럼 그의 머리에 월계수 잎의 관을 씌우고, 불멸의 승리자가 탄 전차 뒤에서 사슬에 묶여 고개를 떨구고 끌려가는 각오를 하지 않으면 안 될 것이다. 그러니 그는 꼭 성공해야만 한다. 파스퇴르 씨여, 타르페이아의 바위*는 카피톨리움 곁에 있다는 것을 잊지 말지어다."

파스퇴르의 한판승

공개 실험을 제의한 수의사 이폴리트 로시뇰(Hippolyte Rossignol)은 백신에 회의적이었으며, 실험 장소로 푸이 르 포르(Pouilly-le-Fort)에 있는 자기 목장을 제공했다. 푸이 르 포르는 물랭(Moulins) 가까이 있는 마을로, 누구나 쉽게 갈 수

---

* 타르페이아의 바위(Tarpeian Rock): 고대 로마의 처형 장소로, 반역자는 이 바위 위에서 던져 죽였다. 카피톨리움(Capitolium)은 이 바위에서 불과 몇 미터 떨어진 곳에 있는 신전으로, 승리하고 개선한 사람들이 공개 의식에서 환영받는 영예의 장소였다.

있는 곳이었다. 1881년 5월 5일에 실험 준비는 모두 갖추어졌다. 프랑스의 신문은 이 행사를 대대적으로 보도하고, 영국에도 알려져 런던의 '더 타임스'는 통신원을 파견했다. 농업인, 화학자, 의사, 수의사들이 모여들었지만 대부분의 사람은 확신하는듯, 거리낌없이 실패할 것이라고 수군거렸다.

60마리의 면양이 파스퇴르에게 주어졌지만 그는 후에 비교하기 위해 그중 10마리는 고스란히 남겨 두었다. 그리고 나머지 50마리는 두 그룹으로 나누었다. 파스퇴르와 그의 조수 에밀 루(Émile Roux, 1853~1933)와 샤를 샹베를랑(Charles Chamberland, 1851~1908)은 25마리의 면양 모두 한쪽 귀에 구멍을 뚫고(이 그룹을 다른 그룹과 구별하기 위해) 즉시 이 25마리에 탄저병 백신을 접종했다. 그 후에 두 그룹 합쳐 50마리의 면양을 모두 목장에 풀어놓았다.

이로부터 2주일 동안 접종을 받은 면양들은 가벼운 병세를 보였으나 모두 회복했다. 5월 17일에 파스퇴르와 조수들은 목장을 방문해 백신을 또 한 번 접종했다. 그 후에 면양들은 두 번째 병에서 회복될 때까지, 즉 그 달 말까지 놓아두었다.

다시 2주가 지난 5월 31일 파스퇴르와 조수들은 목장으로 가서, 이번에는 50마리 모두에게 맹독의 신선한 배양균을 각각 오른쪽 대퇴부에 주사했다. 파스퇴르는 6월 2일까지 접종하지 않은 25마리의 면양은 모두 죽을 것이지만 접종한 면양은 단 한 마리도 죽지 않고 병의 증상도 전혀 나타나지 않을 것이라고 예언했다.

접종을 받지 않은 면양들은 모두 죽어 있었다.

6월 2일에 목장에 다시 2백여 명의 많은 사람이 모여들었다. 그중에는 농업회의 회장, 농림부의 고관, 의사와 수의사, 기병사관(騎兵士官), 유럽 여러 나라의 신문 통신원들도 있었다.

그들이 목격한 광경은 파스퇴르의 예언 그대로였다. 땅 위에는 22마리의 면양이 나란히 쓰러져 죽어 있었다. 곁에는 두 마리의 면양이 최후의 숨을 헐떡이고 있었지만 한 시간도 지나지 않아 그 두 마리도 마저 죽었다. 나머지 한 마리는 중병을 앓고 있었지만 그날을 넘기지 못하고 죽었다. 하지만 접종을 받은 25마리의 면양은 모두 살아 있었다.

어느 유명한 신문의 통신원은 자기의 보고를 다음과 같이 매듭지었다.

"25마리의 사체는 한 곳에 매몰되었으므로 언젠가는 그 위에 균에 오염된 풀이 돋아날 것이며, 그것을 이용해 또 접종한 면양과 접종하지 않은 면양으로 실험을 하게 될 것이다. 그러나 그 결과는 이미 분명하므로 이제 농업계는 문제의 병에 대해서는 의심할 여지없이 예방법이 존재한다는 것을 알았다. 그 예방법은 값비싼 것도 아니고 어려운 것도 아니다. 어쨌든 한 사람이 하루에 1,000마리의 접종도 가능하므로."

막대한 경제적 효과

이렇게 하여 파스퇴르는 세상에 드러내 놓고, 동물의 생사와 관련되는 그의 방법을 확인시켜 그 실효성을 실증했다. 그 후의 경험을 통해 봄에 면양들에게 접종하면 그 동물은 거의 확실하게 1년 동안은 병에 걸리지 않는다는 것을 알았다.

공개 실험을 하고 나서 2년 이내에 10만 마리에 가까운 동물이 접종을 받았으며, 그중에서 탄저병에 걸려 죽은 것은 고작 650마리에 불과했다. 접종이 실시되지 않았던 과거에는 매년 면양 10만 마리당 약 9천 마리가 이 병으로 죽은 것에 비하면 엄청난 효과였다.

그 후 12년 동안에 300만 마리 이상의 동물이 접종을 받았다. 파스퇴르의 한 조수는 말하기를, "파스퇴르의 방법으로 발생한 프랑스 농가의 이익은 아무리 작게 잡아도 면양에 관해서는 500만 프랑, 소와 기타 뿔이 있는 가축에 대해서는 200

만 프랑은 되었다"고 했다.

파스퇴르를 지지하는 한 영국 사람은 1897년에 "영국에는 자국 화폐를 기준으로 하지 않으면 과학적 업적의 가치를 평가하지 못할 만한 직관력도 교육도 모자라는 사람이 각별히 많으므로 나는 그러한 사람들을 위해 이 파스퇴르의 발견 하나만으로 그의 나라 프랑스에 10년간 28만 파운드나 지불하게 될 것이라 지적하고 싶다"고 논평했다.

도살장과 전장에서 공급된 비료 원료

영국은 인골을 사용했다는 비난을 받기도

뼈 세공의 부스러기가 비료로

1844년에 출판된 한 농업 도서의 저자는 다음과 같이 기술하고 있다.

"뼈를 비료로 사용하게 된 것은 다분히 근대 농업의 노력 중에서 가장 중요하고, 가장 성공한 사례의 하나일 것이다. 해마다 늘어나는 인구에 보조를 맞추어, 나라의 곡물 생산을 충분히 증가시키기 위한 일대 수단이었음에는 틀림이 없다."

전승되어 오는 이야기에 의하면, 어떤 우연한 관찰이 뼈를 비료로 사용하게 된 계기가 되었다고 한다. 18세기에 영국 잉글랜드의 셰필드(Sheffield)에서는 칼 제조업이 번창해, 칼자루를 만들기 위해 뼈, 뿔, 상아 등이 많이 사용되었다. 그 때문에 뼈나 뿔을 다듬었을 때 나오는 부스러기와 조각들이 점포 앞에 산처럼 쌓였다.

어떤 사려 깊은 관찰자가 그 쓰레기더미 주위에는 다른 곳에 비해 잡초가 유난히 잘 자란다는 것을 깨달았다. 그는 잡초의 왕성한 성장은 필시 뼈와 무관하지 않을 것이라고 생각했다. 그래서 그 뼈 쓰레기를 약간 얻어 와 자신의 밭에 뿌렸다. 과연 뼈를 뿌린 땅에서는 뿌리지 않은 땅보다 작물이 훨씬 왕성하게 자랐다.

이 소식은 근방에 알려져, 셰필드 인근의 척박한 토지 소유주들도 뼈 쓰레기를 얻어 와 밭에 뿌리게 되었다. 뼈를 다듬는 사람들은 처음에 골칫거리를 치워 주자 크게 반겨 대가를 받을 생각은 꿈에도 하지 않았다. 그러나 그들은 오래지 않아

뼈가 쌓인 곳에는 잡초가 무성하게 자란다.

그 뼈 쓰레기가 농민들에게 소중하게 쓰인다는 것을 알자 대가를 요구하게 되었다. 그로부터 몇 년이 지나지 않아 농민들은 뼈의 공급을 다른 곳에서 구하지 않으면 안 되게 되어 도살장에서 나오는 뼈를 활용하게 되었다고 한다.

뼈가 유용한 비료가 된다는 것을 우연히 발견했다는 이 이야기가 사실인지 아닌지는 알 길이 없다. 그러나 1799년에 영국의 식물학자 로버트 브라운(Robert Brown, 1773~1858)이 쓴 『웨스트 라이딩에서의 농업 개관』이란 책에는 다음과 같이 기록되어 있다.

> "뼛가루는 셰필드 주위 20마일에 걸쳐 모든 밭에 사용되고 있다. 온갖 종류의 뼈가 수집되고, 먼 지역에서 실어 오기도 한다. 뼈는 뼈를 위해 특별히 만들어진 제분기에 의해 분쇄된다. 뼛가루는 아무것도 섞지 않고 지면에 뿌려지기도 하지만 비옥한 흙과 퇴비에 섞어 사용하는 것이 가장 효과적인 것으로 믿어진다. 발효*가 된 뒤에 지면에 뿌리는 것이 시기적으로 적절하다."

누가 뼈를 처음 비료로 사용했나

요크셔(Yorkshire)의 다른 지방에서는 앞에서와는 다른 이야

---

* 뼈에는 인산칼슘이 포함되어 있다. 인은 식물이 건강하게 자라기 위해서 필요 불가결한 원소이다. 인산칼슘은 물에 거의 녹지 않지만 발효 과정에서 인은 녹는 성질로 변하며, 그 용액은 흙 속에서 식물에 의해 흡수된다.

기가 전해지고 있다. 이곳에서는, 뼈가 좋은 비료가 된다는 것을 발견한 사람은 유명한 경마말의 마주(馬主)이며 수렵가였던 터튼 사이크스 경이었다고 한다.

"터튼 경은 늘 많은 사냥개를 슬레드미어에서 길렀는데, 개들이 뼈를 갉아먹는 장소 주변에는 많은 잡초가 무성하게 자라는 것을 목격했다. 그는 그 인과 관계를 발견했으므로 뼈를 망치로 가급적 잘게 분쇄해 실험 비료로 쓰기로 했다. 포크숍에서 실시된 최초의 실험은 그의 추리가 옳았다는 것을 증명했다. 처음에는 비웃는 사람들이 많았지만 터튼은 개의치 않고 뼛가루를 계속 사용해 큰 성과를 거두었으므로 다른 사람들도 곧 그를 따라했다. 이 뼛가루는 토지가 잃은 인(燐)을 회복시켜 주는 데 매우 유익해, 포크턴의 글리브농원은 뼛가루를 사용하기 이전에는 1년에 240파운드의 수입밖에 올리지 못했던 것이 그가 사망하기 직전에는 1년에 2,000파운드 상당의 수입을 올릴 수 있었다."

그는 후에 뼈를 빻는 기계도 발명한 것으로 알려지고 있다. 1834년에 동커스터 농업조합은 인근에 거주하는 농민들에게 설문지를 보내, 뼈 비료를 최초로 사용한 사람이 누구였는가를 물었다. 그 응답에 의하면 '자신이 아는 한 처음으로 사용한 사람'은 동커스터(Doncaster)에서 몇 마일 떨어지지 않은 웜워스라는 마을에 사는 센트 리셔 대령으로, 1775년이었다고 했다.

하지만 이 설문지는 동커스터 가까이 사는 사람들에게만 보내진 것이므로 이 날짜를 영국에서 뼈 비료가 최초로 사용된 날이라고 단정하기는 어렵다. 그러나 이 조사만으로도 뼈 비료는 터튼이 그 '용도를 발견'하기 훨씬 이전부터 사용되었다는 것을 알 수 있다. 왜냐하면, 1775년이라고 하면 그는 고작 세 살이었기 때문이다.

과인산석회의 발명

1837년 어느 날, 지주인 대커 경이 로덤스테드(Rothampsted) 가까이를 산책하다가 근처에 사는 주민 존 베네트 로스(John Bennet Lawes, 1814~1900)를 만났다.

두 사람은 농작물의 성장에 관해 이런저런 이야기를 나누다가 대커 경이 무심코 "어떤 밭에서는 순무 재배에 뼈가 매우 좋은 비료가 되지만 다른 밭에서는 아무런 소용이 없었다"고 했다. 그리고는 뼈 비료의 가치에 관한 논의가 있었는데, 로스는 이때 크게 흥미를 느껴, 뼈 비료의 합리적인 사용법을 연구하기로 결심했다.

그의 연구는 결실을 맺어 6년 안에 뼈를 원료로 하는 비료를 대량 제조했다. 대커 경이 무심코 한 말이 계기가 되어 로스는 인조비료의 지도적 선구자가 되는 길로 나서게 된 것이다. 인조비료공업은 19세기 말에는 세계의 화학공업 중에서도 가장 큰 부분의 하나가 되었다.

로스가 연구를 하고 있을 때 유명한 독일의 화학자 유스투

50세 무렵의 유스투스 폰 리비히

스 폰 리비히(Justus von Liebig, 1803~1873) 역시 식물을 화학적으로 연구하고 있었다. 과학자들은 얼마 전부터 뼈가 비료로 유용한 것은 인산칼슘, 당시 보통 인산석회라고 부르는 물질을 함유하고 있기 때문이란 것을 알고 있었다. 1840년에 리비히는 인산칼슘이 황산(黃酸)에 녹는다는 것과 식물은 그 용액으로부터 바로 인을 영양분으로 흡수할 수 있다고 발표했다. 그러므로 인산칼슘을 황산에 용해한 것은 뼛가루보다 훨씬 우수했다.

뼈는 흙 속에서 서서히 진행되는 자연 발효 과정을 거쳐 비로소 그 인산분이 식물에 흡수되므로 비료로서의 효력을 발휘하기까지에는 시간이 걸렸다. 뼛가루를 산에 녹인 용액이 우수한 또 하나의 이유는 골분 중에서 산에 녹는 부분이 아무런 처리도 하지 않은 골분에 비해 비료로서의 가치가 4배나 높기 때문이다.

로스는 1842년에 인조비료 제조법으로서는 최초로 특허를 취득했다. 그는 자신의 비료를 '과인산석회(calcium super-phosphate)'라고 이름을 지었다. 이것은 뼈뿐만 아니라 역시 인산칼슘을 풍부하게 함유한 새로 발견된 암석인 '분화석(糞化石)'까지 사용해 황산을 가해 녹여서 만들었다.

후에 로스의 인조비료 제조법의 특허권에 대한 논의(論議)가 제기되어 법원의 판결을 받아야만 했다. 분명히 과인산염을 시초로 생각한 사람은 로스도 아니고 리비히도 아니었다. 그러나 두 사람 모두 이 비료의 수요를 창출하는 원동력이 되었던 것만은 사실이다.

영국에서는 인골을 사용했다고 비난하다

과인산석회의 수요를 감당하기 위해 유럽의 도살장 등에서 뼈가 대량으로 수집되었지만 곧 그것만으로는 수요를 따라갈 수 없었다. 리비히는 이 문제에 깊은 관심을 갖고 있었는데, 영국은 공정한 할당분 이상의 뼈를 확보하려 하고 있다고 믿었다. 리비히는 이 발칙한 행위를 저지하기 위해, 영국은 죽은 사람의 뼈, 특히 전투에서 사망한 병사의 뼈를 원료로 사용하는 신을 두려워하지 않는 행위를 한다고 비난했다. 그의 주장은 다음과 같았다.

"영국은 다른 모든 나라로부터 비옥(肥沃)의 조건을 약탈하고 있다. 뼈를 갈망해 이미 영국은 라이프치히, 워털루, 크리미아의 전장을 파헤쳤다. 시칠리아의 지하 묘지에서도 여러 세대에 걸친 해골을 가져갔다. 매년 영국은 다른 여러 나라의 해안에서 자국 해안으로 사람 350만 명분에 상당하는 비료를 갖고 간다. 흡혈귀처럼 영국은 유럽의, 아니 전 세계의 목에 꽉 달라

붙어 정의 따위는 전혀 고려함이 없이 심장의 혈액을 빨아먹는다."

어쩌면 리비히는 그 자신도 크게 공헌한 하나의 발견을 로스가 상업적으로 발전시켜 큰 성공을 거둔 사실에 대해 질투를 느꼈는지도 모른다. 아니면 그 자신의 나라가 새로운 비료 제조를 영국만큼 발전시키지 못했으므로 기분이 상했는지도 모른다. 하지만 비료 제조업자가 인골을 사용한다고 비판한 사람은 리비히뿐만은 아니었다. 펠러는 이미 1813년에 선적해 런던에 가져온 뼈 일부는 묘지에서 파온 것이라는 소리를 들었다고 했으며, 1856년에는 어떤 잡지에 다음과 같은 기사가 게재되기도 했다.

"나는 독일 북부의 납골당에 안치되어 있던 뼈가 대량 하르로 보내지고 있으며, 그 물량의 상당 부분은 인골이라는 소문을 들었다."

1년 후에 다른 통신원은 또 다음과 같이 보고했다.

"나는 산더미처럼 쌓인 골분 속에 사람의 손가락 뼈가 섞여 있는 것을 목격한 적이 있다. 또 러시아와 독일의 큰 전쟁터는 묻혀 있는 뼈를 얻기 위해 파헤쳐지고, 그렇게 확보한 뼈는 비료를 만들기 위해 영국으로 실려 갔다는 이야기를 들었다."

놀랄 만한 우연의 일치

다윈과 월리스가 생각한 적자 생존의 법칙

딱정벌레 소년

과학사에서 가장 놀랄 만한 우연의 일치를 꼽는다면 찰스 로버트 다윈(Charles Robert Darwin, 1809~1882)과 알프레드 러셀 월리스(Alfred Russel Wallace, 1823~1913)가 서로 아무런 연관도 없이 동식물의 진화에 관해 동일한 연구를 하고, 그것을 또 1858년에 동시에 발표한 사례를 들지 않을 수 없다. 진화는 이 1858년보다 훨씬 이전부터 과학자들 사이에서 논의의 대상이 되었었다. 그러므로 다른 많은 사람도 관심을 가졌던 이 문제를 두 사람은 어떻게 연구했는가를 비교해 보는 것도 흥미로울 것 같다.

이 두 사람은 받은 교육과 겪은 경험, 그리고 사고 방식까

찰스 다윈

알프레드 월리스

지 참으로 비슷했다. 또 두 사람 모두 같은 2권의 책을 읽고, 같은 결론에 이르렀다.

이 두 사람은 어릴 때부터 딱정벌레를 잡아 모으는 것을 즐겼다. 무엇이든 모으는 수집가들을 보면, 대부분 자기가 모으는 것의 작은 차이나 변화 등에 공통적으로 큰 관심을 갖는다. 예를 들면 우표 수집가의 경우, 새로운 우표 한 장 한 장을 세밀하게 살펴 도안은 물론 천공, 지질, 색조, 인쇄 상태 등을 검색한다.

젊은 두 딱정벌레 수집가도 그러했다. 월리스 자신이 후에 회고한 바에 의하면, 어떤 딱정벌레와 다른 딱정벌레의 차이가 극히 미세할지라도 많은 딱정벌레를 다루게 되면 그 미세한 차이도 바로 발견하게 된다고 한다.

어릴 적부터의 이 관찰 습관은 성인이 되어 과학 분야에 종사하는 데 무엇보다 소중한 밑거름이 되었다. 과학 탐구에 종사하고부터도 두 사람 모두 변함없이 약간의 차이도 간과하지 않고 주목했지만, '이번에는 세심한 주의와 훈련을 쌓은 과학자의 사변적(思辨的)인 정신'을 가지고 임했다. 그리하여 두 사람에게 진화의 이론을 깨닫게 한 것은 동식물의 같은 족(族) 멤버 간에 보이는 작은 차이였다.

타향에서의 자연 관찰

두 사람 모두 박물학자로서 매우 흥미를 갖는 이상한 생물이, 그것도 유독히 풍부하게 존재하는 지방에서 오래 살았다. 월리스가 기록에 남긴 바와 같이 "우리는 두 사람 모두 여행하는 동안 많은 고독한 시간을 보냈다.…… 그것은 우리들 생애에서 가장 감수성이 강한 시기(모두 20대 말에서 30대 초반)에 자신이 매일 관찰하고 있는 현상에 대해 깊이 관찰하는 데 시간을 바쳤다."

찰스 다윈은 1831년 범선 비글(Beagle) 호로 출발한 탐험대의 박물학자로 임명되었다. 이 탐험대는 오스트레일리아와 남아메리카의 대서양, 태평양 연안에 있는 많은 섬, 특히 태평양 적도 가까이, 남아메리카에서 500마일 정도 떨어진 곳에 있는 작은 화산섬인 갈라파고스 제도를 방문했다. 다윈의 주요 연구 대상은 산호초의 지질학이었다. 그러나 부과된 연구 외에도 섬들에 머물고 있는 동안 그는 온갖 박물 표본을 모으고,

또 많은 중요 관찰 결과를 기록했다.

다윈은 갈라파고스 제도에 사는 거대한 육지거북에 특히 흥미를 가졌다. 그는 그것을 선사 시대 육지거북의 직계 자손(直系子孫)이라고 생각했다. 그 이유는, 이 작은 섬들 간에는 강한 해류가 흐르고 있어 서로 떨어져 있으므로 육지거북이 한 섬에서 다른 섬으로, 또는 남아메리카 대륙에서 이 섬으로 이주하는 것은 전혀 불가능했기 때문이다.

다윈은 한 섬에 살고 있는 거북이 다른 어느 섬의 거북과도 많은 점에서 다르다는 것을 관찰했다. "크기뿐만 아니라 다른 특징도 마찬가지였다. 어떤 거북은 다른 섬의 거북에 비해 훨씬 둥글고 훨씬 검으며 요리를 하면 더 맛이 있었다"고 기록했다.

월리스도 다윈과 마찬가지로 박물학자로서 탐험대에 참가했다. 그는 1848년 아마존 지방으로 가서 야자나무에 특히 흥미를 느꼈다. 그 후 1854년에 이번에는 말레이 제도를 탐험해 많은 생물, 그중에서도 곤충을 채집해 관찰했다. 그러나 다음 해, 그는 자신의 미래의 진화론에 대해 힌트를 얻어 "새로운 종의 도입"에 대해 쓴 소론(小論) 속에 그것을 암시했다.

『지질학원리』와 『인구론』

두 사람에게 영향을 준 유명한 두 권의 책이 있다. 하나는 찰스 라이엘(Charles Lyell, 1797~1875) 교수의 『지질학원리 (*Principles of Geology*)』(1838) 3권이었으며, 다윈은 이 책을 열심히 읽었다. 실제로 그는 비글 호에 제1권(1830년에 출판)을 가져갔고, 제2권은 간행되자 바로 송달받았다. 귀국해서는 지질학회 서기가 되어 라이엘과 밀접하게 접촉했다.

한편, 월리스 자신의 말에 의하면 역시 이 책으로부터 "깊은 인상을 받아" 그것이 지구의 나이가 많은 사람들이 알고 있는 6천 년이 아니라 수백만 년 되었다는 것을 알려 주었다고 했다. 이 수백만 년 사이에 지구 표면 전체가 점점 연속적으로 서서히 변화했으므로 생물이 이 변화하는 환경에서 살아남았다고 한다면, 그들도 역시 그에 적응해 서서히 눈에 보이지 않을 정도로 변화했을 것임이 분명하다. 라이엘의 책은 또 과거는 현재 일어나고 있는 사실을 토대로 설명되어야 한다고 강조했다.

두 사람에게 큰 감명을 준 또 한 권의 책은 『인구가 사회 미래의 개량에 영향을 미치는 원리에 관한 시론』, 약칭해서 『인구론(*An Essay on the Principle of Population*)』으로, 토머스 로버트 맬서스(Thomas Robert Multhus, 1766~1834)가 1798년에 쓴 책이다. 이 책에서 그는 다음과 같이 기술했다.

"생물은 매우 많은 자손을 생산하므로 만약 그것이 모두 성숙해 노년까지 산다면 지구는 곧 가득 차게 될 것이다. 그러나 인구의 폭발적인 증가는 적극적인 저지 작용에 의해서 막아진다. 질병, 기근, 전쟁 등이 그 작용을 한다. 생활이란 생존을 위한 투쟁이므로 거기에 가장 잘 적응하는 사람만이 살아 남는다"고 적자생존을 주장했다.

1838년에 다윈은 귀국해서 이 책을 읽었다. 심심풀이로 읽 었다고 한다. 다윈은 이제까지 '동식물의 습성에 관해 장기간 에 걸친 연속적인 관찰'을 했었다. 그는 한 섬에 사는 거대한 육지거북들은 설령 같은 조상에서 태어난 것일지라도 서로 약 간씩 차이가 있는 것을 알았다. 맬서스는 다윈에게 다음과 같 은 힌트를 주었다. "살고 있는 섬의 조건에 알맞은 약간의 차 이를 갖는 육지거북은 살아남을 수 있는 최적의 것들이었다. 그러나 부적합한 약간의 차이를 갖는 것은 생존 경쟁에서 밀 려나 결국 멸종했을 것이다."

월리스는 1858년보다 몇 해 전에 맬서스의 『인구론』을 읽 었다. "이 책은 내 마음에 깊은, 영원히 꺼지지 않는 감명을 주었다"고 그는 회고했다.

다윈의 진화론

우연의 일치는 또 있다. 월리스도 다윈도 맬서스의 이론을 바로 진화론에 적용하려 했던 것은 아니었다. 실제로 두 사람 모두 그 길잡이가 된 '통찰의 섬광'을 얻기까지는 오랜 세월이 걸렸다. 다윈은 다음과 같이 말했다.

서재에서 『인구론』을 읽는 다윈

　"맬서스를 읽었을 때 나는 매우 중요한 한 문제를 간과했다. 왜 그 문제와 그 해답을 간과했는지 지금에 와서는 다만 놀라울 뿐, 나는 '콜럼버스의 달걀'의 원리로밖에 설명할 수 없다. 내가 마차를 타고 있을 때 반갑게도 그 해답이 생각났으며, 그 때 마차가 도로의 어떤 곳을 달리고 있었는가를 지금도 명확하게 기억할 수 있다."

　그는 드디어 왜 같은 조상이 종류가 다른 자손을 갖게 되는가 하는 문제를 해결했다. 그의 이론에 의하면, 그렇게 될 수밖에 없었다. 알맞은 변이를 낳은 부모는 그 변이를 자손에게 물려주는 경향이 있다는 것이다. 후에 그는 다음과 같은 예를 들었다.

"주로 구덩이토끼를 먹이로 하지만 때로는 들토끼도 잡아먹는 여우나 개가 있다고 가정하자. 어떤 이유에서인지 구덩이토끼는 점차 그 수가 감소하고 들토끼는 점차 늘어난다고 하자. 그 결과 여우와 개는 들토끼를 잡으려고 더 노력해야 했을 것이다. 몸이 가장 가볍고 걸음이 가장 빠르며 눈이 가장 좋은 개나 여우는 설령 그 차이가 크지 않을지라도 적응을 잘 해서 오래 살고 먹이가 매우 부족한 해에도 살아남는 경향이 있을 것이다. 그것은 또한 더 많은 자식을 기르고, 자식들은 부모로부터 매우 약간의 특이성을 계승할 경향이 있을 것이다. 이러한 요인이 일천 세대를 이어오는 동안 눈에 띌 만한 확실한 결과를 낳아 개나 여우의 체형은 구덩이토끼 대신 들토끼를 잡기에 적합하도록 변했을 것이라는 추리를 나는 의심할 이유를 발견할 수 없다. 그것은 마치 그레이하운드를 선택과 주의 깊은 교배에 의해서 개량할 수 있는 것만큼이나 명백하다."

가축, 예컨대 개를 기르는 경우 인간이 개의 부모를 선택함으로써 여러 변종을 만들어 낼 수 있다는 것을 그는 알고 있었다. '자연'이 야생동물을 사육하는 경우, 자연은 생활 조건에 따라 좀 더 적합한 특성을 갖는 개체를 부모로써 추려 내고, 그에 의해서 짝을 선택한다고 그는 추론했다.

이 종(種)의 선택이 세대에서 세대로 수천 년이나 이어지는 사이에 약간의 차이가 축적된다. 세월이 경과함에 따라 차이는 점점 커져, 같은 조상에서 출생한 자손이 다른 종류의 동물, 즉 별종(別種)으로 변화한다.

다윈은 이와 같은 생각을 식물계에도 적용해, 기생목(寄生

木, Mistletoe: 겨우살이)을 예로 들어 설명했다. 이 식물은 예컨대 사과나무 등 다른 식물 가지에 뿌리를 뻗는다. 기생목의 열매는 새들이 먹고, 종자는 소화되지 않고 새들의 배설물에 포함되어 배출되므로 멀리까지 전파된다.

"몇 종류의 기생목이 한 가지에 뿌리를 뻗어 싹이 자란다면 그것은 서로 싸우고 있다 해도 좋을 것이다. 기생목은 새에 의해서 종자를 퍼뜨리므로 그 생존은 새에 의존한다. 비유적으로 말한다면, 기생목은 새로 하여금 자신을 먹고 싶은 마음이 생기도록 해서, 다른 기생목의 종자를 제치고 자기 종자를 퍼뜨려 주도록 서로 경쟁하고 있다고 할 수 있다."

이 종의 선택을 다윈은 '자연선택'이라 했다. 이는 낡은 종이 서서히 도태되고 새로운 종이 만들어지는 것을 가능하게 하는 하나의 과정인 것이다.

월리스의 진화론

월리스가 맬서스의 책을 읽은 후, 그에 대한 반응이 일어난 것은 다윈의 경우와 마찬가지로 훨씬 후가 되어서였다. 역시 돌연한 계기에서였다. 그 자신의 말에 의하면,

"1858년 2월, 나는 몰루카 제도(Molucas)의 테르나테(Ternate) 섬에서 열병에 걸려 많은 고생을 했다. 어느 날, 기온은 섭씨

약 27도나 되었지만 한기가 느껴져 모포를 두르고 침대에 누워 있었다. 그때, 그 문제가 내 머리 속에 떠올라, 맬서스의 『인구론』에서 말한 "적극적 저지 작용"이 생각났다. 전쟁, 질병, 기아 등의 저지 작용은 인간뿐만 아니라 동물에도 적용될 것이라는 생각이 떠올랐다. 이어서 나는 동물은 무서운 속도로 증가하므로 이러한 저지 작용은 인간보다 오히려 동물 쪽이 훨씬 효과가 있을 것이라고 생각했다. 또 이 사실에 관해 아련하게 사색하는 중에 돌연 최적자(最適者)의 생존이라는 아이디어가 번쩍 떠올랐다. 즉, 이러한 저지 작용에 의해서 제거되는 개체는 전체적으로 볼 때 생존하는 것보다 열등할 것이라는 믿음이 들었다. 나의 오한이 물러가기까지 약 두 시간이 걸렸는데, 나는 그 사이에 이론의 거의 전체를 생각해 내고 그날 밤 안에 내 논문 초고의 개략을 작성했다."

월리스는 다음과 같은 예를 들었다.

"야생동물의 생활은 늘 생존의 투쟁이며, 여기에는 가장 약한 것, 몸의 구조가 가장 불완전 것이 패하기 마련이다. ……살아남기 위해 동물은 그 능력과 체력을 모두 바쳐야 한다. 그러한 힘은 연습을 통해 증강되고 또 식물(食物), 습성, 종족 전체의 경제에 의해서 조금씩 변경되기도 한다. 이에 의해 새로운 동물, 좀 더 힘이 뛰어난 동물이 태어나고, 그것은 필연적으로 수를 늘려 좀 더 열등한 것보다 오래 생존하게 될 것이다. 충분히 변화하지 못하는 개체는 사멸할 것이다."

이 월리스의 예와 앞에서 소개한 다윈의 인용을 비교해 보면 놀라울 만큼 비슷하다는 것을 알 수 있다.

논문이 동시에 발표되다

다윈은 여행하는 동안 종의 기원 문제를 다소라도 해명할 만한 정보를 많이 수집했다. 그 자신의 설명에 의하면, 집으로 돌아와서

"1837년에 이 문제에 다소라도 관계가 있을 만한 사실은 꾸준히 축적해 어느 정도 마무리할 수 있을 것이라는 생각이 들었을 때 5년간의 연구 결과를 짧은 노트로 작성했다. 그것을 나는 1844년에 확대해 당시 확실하다고 생각되는 결론을 스케치하는 소논문으로 작성했다."

그러나 다윈은 확실할 만한 정도의 이론을 발표하는 데 만족하지 않고 더 많은 세월에 걸쳐 사실을 정리해, 자기의 서술에 틀림이 없음을 의문의 여지없이 증명하려고 노력했다. 1858년 6월이 되어서도 그는 아직 해야 할 과제가 많았다. 하지만 이때, 그는 동인도의 '향료섬' 테르나테에서 한 통의 편지를 받았다. 그것은 지인(知人)인 월리스로부터 온 것으로, 그 편지를 읽었을 때 다윈이 받은 충격은 짐작하고도 남음이 있다. 왜냐하면, 그 편지에 동봉한 시론(試論)은 다윈 자신이 종의 기원에 관해 작성한 결론과 거의 똑같은 일반적인 결론을 맺고 있었기 때문이다.

다윈은 즉시 라이엘에게 편지를 썼다. "당신을 누가 나보다

앞설 것이라고 말씀하셨는데 그 말씀이 참으로 기막히게 들어 맞았습니다. 나는 이처럼 놀라울 정도로 우연의 일치를 본 적이 없었습니다." 월리스의 시론은 사실상 그와 같았고, 자신의 논문 각 장에 붙인 타이틀까지도 일치했다. 다윈은 말했다. 월리스의 시론에는 자신이 1844년에 쓴 소론에 포함되지 않은 것은 하나도 없었다. 또 월리스가 언급하고 있는 것에는 다윈이 어느 미국의 교수에게 보낸, 다른 가장 새로운 해설에 언급되지 않은 것은 하나도 없었다고.

그래서 다윈은 라이엘과 영국의 식물학자 조지프 후커 (Joseph Dalton Hooker, 1817~1911)에게 조언을 구했다.

그 자신은 그때까지도 아직 자신의 논문을 발표할 생각은 없었으므로 월리스가 자기에게 시론을 보내온 이 마당에, 자신의 명예를 훼손함이 없이 자기 논문을 발표해도 되겠는지 여부를 물었다.

라이엘과 후커는 '과학 일반을 위해' 다윈과 월리스 두 사람의 생각을 기술한 공동 논문을 린네협회(Linnean Society)에서 낭독하기로 결정했다. 이 논문의 낭독은 당시에는 거의 주의를 끌지 못했으나 그로부터 50여 년이 지난 1908년이 되어, 린네협회의 회장은 그것은 "의심할 바도 없이 우리 협회가 설립된 이래의 역사에서 최대의 성과였다"고 칭찬했다.

인간, 천사의 자손인가 원숭이의 자손인가

진화론을 둘러싼 거센 찬반 여론

『종의 기원』의 초판, 당일에 매진되다

진화에 관한 다윈과 월리스의 공동 논문이 1858년 7월 1일 린네협회에서 발표되었지만 별로 관심을 끌지 못했다. 그러나 다음 해인 1859년에 다윈의 진화에 관한 논문 『자연선택에 의한 종의 기원에 대하여(*On the Origin of Species by Means of Natural Selection*)』 통칭 『종의 기원』이 출판되었을 때는 전혀 달랐다. 초판 1,250부가 발매 당일에 매진되어 다윈 자신부터가 놀랐다. 그 후에 추가와 정정을 가해 여러 판 계속 발행되었다.

이 책은 과학계에 큰 논쟁을 불러일으켰다.

"정치인과 은행가와 기술자, 시인과 철학자와 천문학자, 신학자와 역사학자, 실제로 교양 있는 모든 사람은 다윈이 제기한 문제에 관해 의견을 표명할 의무가 있다고 느꼈다. …… 그의 견해는 곧 다위니즘(Darwinism)으로 불리게 되었으며, 이 다위니즘이란 이름은 한쪽에서는 존경의 뜻으로, 다른 쪽에서는 적의와 경멸을 곁들여 발음되었다."

다윈설에 대한 반대

이 책이 출판된 1859년까지 거의 모든 교양인은 '종의 불변'을 믿었다. 즉, 현재의 동식물은 천지창조 때 만들어진 당시와 아무런 변화가 없다. 근대의 인간도 육체적으로는 아담(Adam)과 마찬가지이다.

오늘날의 원숭이는 신에 의해서 창조된 최초의 원숭이와 다르지 않다. 다른 생물들도 모두 그러하다고 그들은 믿었다. 그들은 또 온갖 동물의 종류가 개개 별별로 창조되었다는 성서의 기록을 수용했다. "신은 큰 고래를 만들고, 움직이는 온갖 생물을 저마다의 종류에 따라 만들고, 온갖 날짐승을 종류에 따라 만들고 …… 가축을 종류에 따라 만들었다"는 것을 의심할 바 없이 믿어 왔다.

1859년 이전에 몇 사람의 과학자가 이 믿음에 의문을 제기한 것은 사실이지만 그들의 의견은 일반에게 거의 받아들여지지 않았다. 실제로 다윈 자신도 젊은 시절에는 종의 불변을 믿었다.

어떻든, 제목이 인간에 관한 것인 만큼 여기서는 인간의 기원 문제에 국한해서만 언급하기로 하겠다. 당시의 한 저술가의 말을 빌리면, 대부분의 사람은 다윈이 '아담과 이브'를 한 쌍의 침팬지로 바꾸어 놓으려 했다. 또는 시정 사람들의 말에 따르면 다윈은 '인간은 원숭이로부터 태어났다'고 주장한다는 것이다.

다윈이 원숭이를 안고 있는
풍자화(당시의 런던 스케치북)

하지만 이는 사실이 아니었다. 왜냐하면, 다윈이 주장한 것은 인간과 원숭이는 아득한 옛날 공통의 조상을 갖고 있었다는 것이므로 이 공통의 조상에서 태어난 자손 가운데 어떤 것은 서서히, 그러나 차츰 원숭이로 변하고, 다른 쪽 자손은 다른 변이를 계승해서 결국의 최고의 영장류인 인간에 이르렀다는 것이다.

'원숭이의 자손' 이론을 경멸하는 사람들 외에도 다윈에게는 다른 근거를 앞세워 반론하는 강력한 적대자가 몇 사람 있었다. 그러나 반대로 매우 강력한 지지자도 몇 사람 있었다. 1860년에 옥스퍼드에서 격렬한 충돌이 일어났으며, 이때의 회합은 영국과학진흥협회 회합 중에서 가장 유명한 하나가 되었다. 한쪽에서는 다윈설의 열렬한 지지자인 과학자 토머스 헨리

토머스 헉슬리(왼쪽)와 새뮤얼 윌버포스(오른쪽)

헉슬리(Thomas Henry Huxley, 1825~1895) 교수가 있었고, 그의 상대로는 옥스퍼드의 성공회 주교인 새뮤얼 윌버포스(Samuel Wilberforce, 1805~1873)가 있었다.

윌버포스는 이 회합이 열리기 수개월 전에 다윈의 책을 읽고 "학자인 체하는 천박한 사나이의 뻔뻔스러운 잡담"이라고 격렬하게 비난한 바 있었다.

헉슬리, 윌버포스에 역습을 가하다

회합은 7월의 어느 토요일에 열렸으며, 영국 출생의 미국 화학자 존 드레이퍼(John William Draper, 1811~1882) 박사가 진화에 관한 한 논문을 읽기로 예정되어 있었다. 하루 전인

금요일에 감독이 '다윈을 분쇄(粉碎)하기' 위해 그 강연에 참석할 것 같다는 소문이 옥스퍼드에 나돌기 시작했다.

훨씬 이전부터 다윈은 병든 몸이었다. 그 때문에 어떠한 종류의 흥분도 몸에 해로워 하루에 1~2시간밖에 일하지 못하는 날이 많았다. 그는 토요일의 이 회합에 참석하지 못했으며, 거기서 무슨 소동이 일어날지도 전혀 예상하지 못했다. 그의 친구이며 지지자인 헉슬리도 회합 전날까지는 무슨 소동이 발생할 것이라는 낌새는 전혀 느끼지 못하고 마침 여행을 떠나려고 준비하고 있었다. 그러나 윌버포스 주교가 다윈 정벌에 나선다는 소식을 듣자 그는 맞싸우기 위해 여행을 미뤄 두고 옥스퍼드에 머물렀다.

강연이 시작되기 훨씬 이전부터 강당에는 청중이 가득 찼다. 그 이후의 경과는 다윈의 아들이 기술한 것이 있다.

"흥분은 격렬했다. 토론을 하기 위해 준비된 강당은 너무 협소해 청중을 모두 수용할 수 없다는 것을 알았으므로 회의장은 박물관의 도서실로 옮겨졌다. 거기에는 챔피언(전사)이 등장하기 훨씬 이전부터 숨이 막힐 정도로 초만원을 이루었다. 아마도 700에서 1,000명은 되어 보였다. 만약에 지금이 학기 중이었다면, 아니 학기 중이 아니라도 일반 대중까지 입장을 허락했다면 용맹한 주교의 연설을 듣고 싶어 몰려오는 대중을 수용하기는 불가능했을 것이다. 주교는 뒤늦게 달려와서 가득 찬 청중 사이를 밀치고 나와 연단 위에 마련된 자리에 앉았다. 사회자를 사이에 두고 건너편에 헉슬리가 앉아 있었다."

드레이퍼 박사가 진화에 관한 자신의 논문을 읽은 뒤, 주교는 지지자들로부터 박수갈채를 받으며 일어섰다. 애석하게도 이 모임에 참석한 사람들 중에서 어느 누구도 그의 발언을 기록한 사람이 없으므로 거기서 어떤 일이 있었는지에 관해서는 몇 가지 다른 설명들이 있다. 주교는 연설에서 "다른 사람들은 어떻게 생각하든 나는 동물원의 원숭이가 내 조상과 관계가 있다고는 절대 믿지 않는다"고 소리친 것만은 분명한 것 같다. 이어서 그는 '다윈의 불독'으로 불린 헉슬리 쪽을 바라보며 말했다. "당신은 원숭이와 인척 관계이신 모양인데, 그것은 당신의 할아버지 쪽입니까, 아니면 할머니 쪽입니까?"

헉슬리는 주교의 말을 듣고 따끔하게 맞받아칠 기회를 노렸다. 그는 대답하려고 일어서기 전에 옆 사람에게 "주여, 그를 내 손에 넘겨주소서"라고 속삭이고는 입을 열었다.

"만약에 내가 지능이 낮고 등을 구부리고 다니며, 우리가 그 앞을 지나면 캑캑거리고 짖는 가련한 동물의 자손이기를 바라느냐, 아니면 당신처럼 큰 능력과 높은 지위에 있으면서, 그러한 힘을 얌전하게 진리를 탐구하는 사람을 욕보이고 압살하기 위해 사용하는 사람의 자손이기를 바라느냐고 물으신다면 나는 어떻게 대답하는 것이 좋을지 망설이지 않을 수 없습니다. 윌버포스 씨, 조상이 원숭이라는 것이 그렇게 부끄러운 일입니까? 그보다도 과학에 대해 알지도 못하면서 무식하게 고집만 부리는 인간을 조상으로 가진 쪽이 훨씬 더 부끄러운 것 같은데요."

청중의 반응

윌리엄 터크웰(William Tuckwell, 1829~1919)은 그의 『옥스퍼드의 회상(Reminiscences of Oxford)』에서 이후에 일어난 일을 다음과 같이 기록했다.

"헉슬리가 자리에 앉자 흥분은 격렬해지기 시작했다. 과학자들은 불안을 느끼고 정통파는 격노했다. 군중들의 환호 속에 창가에 앉아 흰 손수건을 공중에 들어 흔들던 부인들의 모습을 잊을 수 없다. 그중의 한 부인은 실신해 밖으로 실려 나갔다. 한 뚱보 사나이가 일어서더니 책을 손에 잡고 툭툭 치면서 연설을 시작했다. 그는 자기는 자연과학자가 아닌 통계사라면서 만약에 다윈의 이론이 증명 가능한 것이라면 이 세상에 증명 못할 것은 하나도 없다고 했다. 이때 화가 난 군중 한 사람이, 이 회합에서 지금 통계학을 논하는 것은 적절하지 않다고 소리치자, 뚱보 사나이는 싸울듯이 항의한 후에 퇴장했다.

이제, 의사(議事)는 재개될 것이라고 나는 생각했다. 그러나 아니었다. 희극은 또 한 막이었다. 연단 뒤쪽에서 목사인 듯한 신사가 나타나 흑판을 가져오라고 부탁했다. 흑판이 나오자 청중들의 침묵 속에 그는 흑판 양쪽에 분필로 십자가 두 개를 그렸다. 그리고는 마치 자신이 그린 십자가에 감탄하는듯이 다음과 같이 증명을 시작했다. "이 점(+자 A)을 인간이라 가정하고, 저쪽 점(+자 B)을 '몽키(monkey, 원숭이)'라고 한다면 ……." 그러나 그는 더 이상 말할 수 없었다. 청중이 일제히 "몽키"라고 소리쳐 다음 말을 이어갈 수 없었기 때문이다. 갑자기 모인 사람 모두가 동시에 사태의 한심스러운 분위기를 자각한듯, 떠들썩한 웃음소리가 울려 퍼졌다. 의미 없는 웃음이 늘 그러하듯 왁자지껄한 웃음소리는 길게 어어졌다. 그런 분위기에서 그 십자가의 예술가도, 흑판도 퇴장하고, 이후 그의 모습은 보이지 않았다."

옥스퍼드의 주교는 일어서서 자신이 헉슬리 교수의 감정을 상하게 할 의도는 아니었다고 대답했다. 그리고는 '동물원 안의 존경해야 할 원숭이'에 관해 농담을 계속했다.

그 후에도 고성과 격한 논쟁이 계속되었으며, "젊은 사람들은 다윈 편에, 나이든 사람들은 반대 편이었다. 조지프 후커(Joseph Dalton Hooker)는 열성자들을 이끌고, 벤저민 브로디(Benjamin Brody) 경은 불평자들을 이끌었다. 논쟁은 신성한 오찬 시간이 가까울 때까지 계속되었다."

디즈레일리의 공격

다윈의 이론에 대한 공격은 종교상의 이유로 여러 해에 걸쳐 이어졌다. 그러나 다윈 본인까지도 "왜 이 이론이 사람들의 종교 감정에 쇼크를 주는지 그 이유를 잘 알 수 없었다." 실제로 그는 어느 유명한 저술가(찰스 킹즐리[Charles Kingsley, 1819~1975])가 쓴 다음 의견에 찬성했었다.

"신이 다른 유용한 형태로 자기 발전하는 능력을 갖는 소수의 원시 형태를 창조했다고 믿는 것은, 신이 자신의 법칙 작용에 의해서 생긴 공허를 채우기 위해 새로운 창조 행위를 필요로 했다(이것은 프랑스의 동물학자 조르주 퀴비에(Georges Cuvier, 1769~1832)의 '천변지이설(天變地異說)'을 이른다. 천지 창조 이래 대격변이 몇 차례 일어났고, 그로 인해 기존 생물이 멸망하고 새로운 종이 창조되었다는 설)고 믿는 것과 마찬가지로 신에 관한 고상한 관념이다."

1864년에 영국의 미래의 총리가 다위니즘에 대한 공격에 가담했다. 그는 1876년 비컨스필드 백작이 된 벤저민 디즈레일리(Benjamin Disraeli, 1804~1881)로, 윌버포스 주교가 사회를 보는 한 집회에서 연설했다. 디즈레일리는 뛰어난 정치가였을 뿐만 아니라 기독교 신앙을 굳게

조르주 퀴비에

옹호한 사람이었다. 그는 연설에서 과학자도, 또 자기와 의견을 달리하는 동료 기독교 교도들도 일체 가리지 않았다. 이어서 그는 역사적으로 기록된 한 질문을 했다.

"현재 이 사회 앞에 놓여져 있는 의심할 바 없이 가장 놀랄 만한 질문은 무엇이겠습니까? 그것은 '인간은 원숭이인가, 아니면 천사인가?'라는 물음입니다. 나는 천사 편에 서겠습니다. 이에 대립하는 견해에는 분노와 증오의 마음으로 거부하겠습니다."

다윈은 앞에서도 기술한 바와 같이, 인간이 원숭이의 자손이라고는 하지 않았다. 디즈레일리는 천사는 영적이고 초자연적인 존재로서, 지상에 자손을 두고 있지 않다는 것을 알고 있었을 것이다. 그러므로 다분히 미사여구를 쓰려고 노력해서, 인간의 몸은 신의 힘으로 창조된 것이므로 하등 동물과는 아무런 조상 관계도 없다는 확신을 가급적 강하게, 과장을 써서까지 강조하고 싶었을 것이다.

"인간은 원숭이인가, 천사인가?"라는 질문에
디즈레일리는 "천사 편에 서겠다"고 말했다.

영국과학진흥협회는 1894년 옥스퍼드에서 또 회합을 가졌다. 그것은 헉슬리가 생을 마감하기 얼마 전이어서 권유에 못 이겨 출석했다. 옥스퍼드대학의 명예총장이 회장 연설을 통해, 오늘날 이성이 있는 사람이라면 진화론에 의의를 제기할 사람은 한 사람도 없다고 했다.

헉슬리 교수는 옛날 이곳의 회합을 회상하며, "내가 그 자리에 앉아서 34년 전에 옥스퍼드의 감독이 공공연히 저주한 그 주장을 명예총장이 당연한 것이라고 인정하는 말을 듣는 것이 나로서는 참으로 기묘한 느낌이었다"고 말했다.

마다가스카르의 식인나무

꾸며 낸 이야기를 사실처럼 믿어

식인나무 이야기

1878년에 카를 리슈(Carl Liche)라는 탐험가가 유럽에 있는 고국에 편지를 보내면서 마다가스카르(Madagascar)에서 발견했다는 기묘한 나무 이야기를 적었다. 마다가스카르는 인도양 위, 아프리카 동남안 480킬로미터 정도 떨어진 곳에 있는 세계에서 네 번째로 큰 섬이다. 그가 발견한 것은 사람을 죽여서 '먹는 나무'였다. 그의 편지는 독일 남서부의 카를스루에(Karlsruhe)에서 발행되는 한 과학잡지에 발표되어, 일반 대중뿐만 아니라 일부 과학자들 사이에서도 센세이션을 불러일으켰다. 여기서 발췌한 것이 다른 많은 나라의 잡지에도 게재되었다. 그 내용을 요약해서 옮기면 마다가스카르의 어떤 삼림

지대에 므코도(Mkodo) 부족이 살고 있다. 이 사람들은 매우 원시적인 종족으로, 알몸으로 활보하며 '신성한 나무'를 숭상하는 것 외에는 아무런 종교도 가지고 있지 않다. 구릉지의 석회암을 파서 만든 동굴 속에 거주하며, 몸집이 가장 왜소한 종족의 하나이므로 남자라도 신장이 고작 142센티미터에 불과한 좀처럼 보기 드문 종족이다. 편지 내용은 다음과 같이 계속되었다.

"골짜기에서 우리는 지름 1.6킬로미터 쯤 되는 깊은 호수로 나왔다. 그 남쪽으로 나 있는 그 길은 근접하기 어렵고, 얼핏 보기에 빠져나갈 수 없을 것 같은 숲 안으로 통하고 있었다. 내 하인인 헨드릭이 앞장섰고, 나는 그 뒤에 바짝 붙어 갔다. 그리

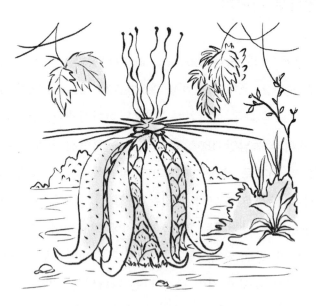

마다가스카르에서 자라는 식인나무

고 내 뒤에는 호기심 많은 므코도 부족들, 남녀 아이들이 따랐다. 이때 돌연, 원주민들은 모두 '테페', '테페'라고 소리치기 시작했다. 헨드릭은 멈춰 서서 '보세요, 보세요' 하면서 앞의 공지(空地)를 손으로 가리켰다. 거기에는 처음 보는 많은 이상한 나무들이 자라고 있었다."

그 나무의 줄기는 거대한 파인애플과 비슷하며, 높이는 240센티미터 정도였다. 나무 꼭대기에는 지름이 60센티미터나 되는 관 같은 것이 놓여 있었다. 이 관의 가장자리에서 여덟 개의 녹색 잎이 규칙적인 간격으로 뻗어 있었다. 잎은 각각 길이가 340에서 370센티미터 정도이고, 가장 굵은 부분이 두께 60센티미터, 폭 90센티미터 정도 되었지만 곧바로 축 늘어져 흐늘흐늘해 외견상 죽은 나무처럼 보였다. 잎의 가장 밑의 끝은 뾰족하게 한 가닥으로 되어 있으며, 마치 소뿔 같았다.

줄기의 가장 꼭대기에는 찻잔형의 돌기가 있고, 그 밑에는 큰 판과 같은 접시가 있었다. 찻잔에는 바닥에서 스며나온 투명한 당밀(糖蜜)처럼 달콤한 액이 들어 있으며, 그것을 마시면 처음에는 술을 마신듯 취했다가 곧 졸음이 쏟아졌다. 털이 난 녹색의 감긴 수염(길이 240센티미터, 가장 굵은 부분은 지름 10센티미터)이 여러 개 큰 판의 가장자리 밑에서 수평으로 솟아나와 있었다. 그것은 마치 쇠막대처럼 단단했다. 이 막대 위에 여섯 개의 희고 가느다란, 거의 투명한 자루(길이 150~180센티미터 정도)가 찻잔형의 돌기와 판 사이에 돋아 있었다. 그것은 위를 향해 곧게 자라, '허물을 벗고 꼬리로 서 있는 뱀처럼' 계속 구불거리고 있었다.

그 탐험가가 도착했을 때는 마침 희생 헌납 의식이 시작되려는 순간이었다. 의식은 나무귀신을 즐겁게 하기 위해 성가(聖歌)의 음송으로 시작되었다. 곧 미친듯한 찢어지는 소리와 더욱 고성의 음송 속에 사람들은 희생 대상자로 선발된 여성을 투창 끝으로 밀어 나무 옆까지 데려갔다. 그들은 그 여성을 강제로 나무에 오르게 하여 판 위에 세웠다. 가느다란 자루가 구불구불 움직여 그녀를 둘러싸는 한편, 남자들은 "타이크, 타이크(마셔, 마셔)"라고 소리쳤다. 그녀는 찻잔에 고여 있는 액을 마셨다. 그러자 그녀는 바로 심하게 충혈된 얼굴로, 다리를 후들후들 떨면서 일어섰다. 그녀는 내리뛸듯한 모습을 보였으나 뛰어내리지는 않았다. 아니, 그럴 처지가 아니었다. 이제까지 꼼짝도 않고 죽은 것 같았던 그 잔학한 식인나무가 돌연 난폭하게 생명력을 보이기 시작했다.

가느다란 흰 자루는 '굶주린 뱀의 광포한 모습으로' 그녀의 머리 위에서 몸을 떨면서 목과 팔을 2중, 3중으로 휘감았다. 또 길다란 녹색의 감긴 수염은 급속히, 하나하나 수염을 뻗어 그녀의 몸을 휘감았다. 이어서 길고 굵은 나뭇잎도 몸을 일으켜 그녀를 향해 다가와서는 그녀의 몸을 완전히 휘어감고 말았다. 나무는 그녀를 받아들이고, 희생 헌납은 끝났다.

그 후에 남자들은 관례대로 나무귀신의 답례(答禮)를 기다렸다. 그것은 바로 나타났다. 나무 줄기를 타고 투명한, 당밀처럼 달콤한 액이 방울지어 떨어졌다. 그것을 보자 "야만인의 무리는 나무에 달라붙어, 또는 나무를 끌어안고 찻잔이나 나뭇잎 또 손바닥이나 혀로 각자 그 액을 미친듯이 마셨다. 액은 그들을 흥분시켜 광포하게 만들었다. 곧 무어라고 표현하기도 어려운, 술 취한 추태가 벌어지기 시작했다. 그러자 헨드릭은 서둘러 나를 끌고 숲 속으로 들어가 위험한 야만인들의 눈에 들키지 않도록 나를 숨겼다"고 리슈 박사는 털어놓았다.

열흘이 지나자 나무는 정상 상태로 돌아왔다. 희생자의 모습은 자취도 없이 사라졌고, 나무 꼭대기에 있는 찻잔에는 아직도 액이 남아 있었다. 그리고 여성의 흰 두개골이 하나, 나무뿌리 곁 지면에 나뒹굴어져 있었다.

기묘한 나무가 속속 발견되었다

이상한 나무를 발견했다는 이 보고는 사실은 당치 않은 꾸며 낸 이야기이지만 적절한 시기에 발표된 덕분에 많은 사람을 믿게 할 수 있었다.

19세기 중반에 이르자, 선교사와 여행자 외에도 많은 박물학자가 이상한 식물이며 동물 이야기를 썼다. 그러나 기묘한 동식물은 아프리카뿐만 아니라 아마존 지방과 다른 열대 지방의 밀림에서도 발견되었다. 그러므로 마다가스카르(그 무렵에는 아직 충분히 탐험되지 못했다)에 기묘한 식물이 자라고 있지 않을 이유가 없었다. 실제로 마다가스카르에서 발견된 몇 종의 이상한 나무에 관한 보고가 있었으므로 이 섬에 기묘한 나무가 자랐다는 것은 의심할 여지가 없다.

그 예로 '나그네 나무'가 있는데, 그 나무는 꼭대기에 바나나 잎과 비슷한 잎이 부채 모양으로 퍼져 있어 한가운데가 움푹 파였는데, 그 속에는 맑은 차가운 물이 고여 있어 목마른 여행객들에게 목을 축여 주어 원기를 찾게 해 주었다고 한다.

이 섬에서 또 하나 유명한 식물은 '탕기니아'라는 나무이다. 이 나무는 관목 정도의 키가 작고 여러 줄기를 가진 나무로, 엷은 보랏빛의 큰 핵과(속에 큰 핵을 갖는 과실, 예를 들면 복숭아나 살구 같은)가 연다. 이 핵에는 맹독이 포함되어, 가루로 만들면 1개를 갖고도 20명은 죽일 수 있을 정도이다.

식충식물이 힌트였다

여러 사람이 이 꾸며 낸 이야기에 의심을 하지 않았던 것은, 곤충이나 작은 동물을 잡아 소화하는 식물이 여러 종 있다는 것을 알고 있었기 때문이다. 이 문제에 관한 한 권의 책이 바로 그 얼마 전에(1875년, 즉 그 식인나무가 발견되었다는 3년 전)에 출판되었으며, 그것도 다른 사람이 아닌, 유명한 찰스 다윈에 의해서였다. 이 책은 다른 사람들이 이전부터 관찰해 오던 사실들을 확증했다. 즉, 어떤 식물(유럽에서도 자라고 있는)은 자연의 정상 과정을 거슬러 동물을 먹고 자란다. 그러한 식물은 곤충을 함정에 빠뜨리거나 꾀어 잡아 소화함으로써 이른바 '식충식물(食蟲植物)'이라고 한다. 반면에 척추동물을 잡아 소화하는 식물은 '식육식물(食肉植物)'이라고 한다.

다윈이 그러한 식물에 관심을 갖게 된 것은 다음과 같은 우연한 관찰이 계기였다.

"1860년 여름, 하트필드(Hartfield) 가까이를 어슬렁거리다 잠시 쉬었다. 그곳에는 두 종류의 끈끈이주걱이 무성하게 자라고 있었다. 나는 그 끈끈이주걱 잎에 많은 곤충이 잡혀 있는 것을 보았다. 그래서 이 식물 몇 포기를 집으로 갖고 와 곤충을 먹이로 주어 촉수가 움직이는 것을 지켜보았다. 이것은 나로 하여금 식물들은 무엇인가 목적을 가지고 곤충을 잡는 것 같다는 생각을 갖게 했다."

끈끈이주걱과 다른 비슷한 식물을 연구하는 것이 다윈에게 즐거움의 하나가 되었다. 그는 다음과 같이 기록했다.

"나는 끈끈이주걱이 곤충을 사로잡는 여러 가지 능력을 관찰하며 즐겼다. 나는 곤충이 잎의 꾀임에 빠져 다가가지만 앉는 순간 곧 끈적끈적한 분비물 때문에 붙어버리는 것을 목격했다. 이어서 곤충은 기묘한 물결 운동에 의해서 잎 중앙으로 옮겨져, 식물의 즙 속에 15분간 정도 담궈진다. 곤충의 몸체는 점차 녹아, 대부분이 식물에 흡수되어 버린다."

또 한 종의 식충식물인 파리지옥풀(venus' fly trap)도 이 무렵에 알려졌다. 잎은 두 개의 엽편(葉片)으로, 마치 경첩처럼 붙어 있고 바깥의 가장자리에서 담장 위에 뾰족한 꼬챙이를 꽂아 놓은 것 같은 긴 가시가 나와 있다. 엽편의 표면에 세 개의 털이 나 있으며, 그 털에 곤충이 닿으면 두 엽편이 갑자기 닫혀 마치 경첩이 달린 양쪽 문이 꽝 닫치듯 곤충을 끼워 버린다.

벌레잡이제비꽃은 끈적끈적한 두꺼운 잎이 지면에 닿을듯이 다발로 자란다. 작은 곤충이 잎에 앉으면 잎이 돌돌 말려 질식시킨다.

수초(水草)의 통발에는 잎이 작은 주머니가 많이 달려 있고, 주머니의 작은 입구에는 덫이 설치되어 있다. 물에 사는 작은 곤충이 잎의 자루까지 가까이 와 덫의 문을 열고 주머니 안으로 들어가면 바로 덫의 문이 닫힌다. 곤충은 도망가지 못하고 곧 질식해 죽게 된다.

이와 같은 식물은 모두 유럽 나라에서도 자라고 있는 것을 알고 있었으며, 열대에는 더 큰 식충식물이 있다는 것도 알려져 있었다. 예를 들면, 덩굴식물인 벌레잡이풀 네펜데스*에는 몇 개 변종이 있다. 그 한 변종에는 꼭대기에 두거운 테두리가 붙은 길이가 10~15센티미터나 되는 주머니 모양의 잎이 자라 있다. 이 주머니는 깔때기처럼 아래로 내려갈수록 가늘어져, 아래쪽 끝은 바늘처럼 뾰족하다. 그리고 주머니 안쪽에는 안으로 굽은 코바늘이 열을 지어 돋아 있으므로 작은 새라도 일단 속으로 떨어지면 탈출할 수 없을 정도로 강하다.

---

* 네펜데스(Nepenthes): 열대산의 식충식물로 관상용으로 온실에서 재배함.

중앙아프리카의 정글 속에서 새로 발견된 큰 식물 이야기를 원용한다면 공상 속에서 식충식물의 함정을 과장하는 것이 어렵지는 않을 것이다. 그리고 한 여성을 처리할 수 있을 정도의 덫을 구상하려면 좀 더 깊은 상상력을 발휘한다면 충분할 것이다.

찰스 다윈은 식인나무의 설명을 읽었을 때, 앞 부분에서는 별로 이상함을 느끼지 못했다고 고백하며, "나는 그 마다가스카르의 풍자를 매우 정독하기 시작했다"고 했다. 희생 이야기가 나올 때까지는 그의 머리 속에 의아한 느낌은 떠오르지 않았다. 왜냐하면, 그는 계속해서 "나는 여성 이야기가 나올 때까지 그것이 꾸며 낸 이야기라고는 깨닫지 못했다"고 고백했기 때문이다.

이 이야기는 20세기에 들어와서도 몇 번이나 되풀이 소개되었다. 너무 반복되었으므로 미국의 어느 식물학자는 다음과 같이 비판했다.

> "그 이야기 전체는, 센세이션을 불러일으키기를 원하는 일반인 리포터, 또는 원예 관계 보고자가 초래한 열병적인 공상 속에서 태어난 것이다."

2

농업과 기술에 관한
에피소드

최초의 압력솥
직동 고압의 증기 펌프도 개발

파팽이 압력솥을 발명하다

1672년에 프랑스의 젊은 물리학자이며 기술자인 드니 파팽
(Denis Papin, 1647~1712)은 처음에 프랑스에서 의학을 수학하
고, 잠시 크리스티앙 호이겐스(Christian Huygens, 1629~1695)
의 조수로 있다가 1675년에 영국으로 건너왔다. 그는 다행히
도 이때 원소의 정의, 보일의 법칙 등으로 유명한 로버트 보
일(Robert Boyle, 1627~1691) 경을 만나게 되어 그의 조수로 채
용되었다. 파팽은 조수로서 유능한 수완을 발휘해 여러 가지
발명을 했으므로 얼마 지나지 않아 왕립협회 회원으로 선출되
었다.

이 협회의 주요 회원들은 가끔 모여 과학 발견과 문제에 대

드니 파팽

파팽의 압력솥

해 논의했다. 그러던 중 한 모임에서 파팽은 새로 발명한 '압력솥'을 사용해서 손수 요리한 식사를 회원들에게 제공했다. 이 솥은 유사한 장치 중에서는 최초로 사용된 것이었지만 매우 능률적으로 작동했으므로 그 이후 모든 압력솥은 파팽이 사용한 과학 원리를 기초로 만들게 되었다.

파팽은 물이 끓는 온도, 즉 물의 비점(沸點)은 압력이 증가함에 따라 높아진다는 것을 알고 있었다. 그래서 용기에 물을 담고 밀봉해서 높은 압력이 발생하기까지는 증기가 밖으로 전혀 달아나지 못하게 하여 가열해 보기로 했다. 그렇게 하면 용기 속의 물은 100도보다 높은 온도에서 끓을 것이라고 생각했는데, 과연 그러했다. 또 대부분의 식품은 물이 끓는 온도보다 높은 온도에서 끓이거나 삶으면 보통보다 빨리 익거나 삶아질 것이고 또 보통보다 부드러워질 것이라고 생각했는데 그것도 역시 맞았다.

밀폐된 용기 속에서 물을 끓일 때는 매우 위험하다. 증기가 밖으로 달아나지 못하므로 증기의 압력이 강해지고, 더 버티면 마침내는 용기가 산산이 파손되어 비산(飛散)할지도 모른다. 이러한 위험을 피하기 위해 파팽은 당시에는 몰랐지만 지금은 '안전밸브'로 통하는 장치를 발명했다. 안전밸브는 압력이 안전 한계에 이르기 전에 증기를 배출하게 되므로 용기가 파열되는 일은 결코 없다.

파팽은 자신의 용기를 '다이제스터(digester: 소화하는 것)'라고 명명했다. 이 이름을 택한 이유는, 질기거나 딱딱한 식재료도 이 솥에 넣어 삶거나 끓이면 연하고 부드럽게 익어 소화하기 쉽게 되기 때문이었다. 속에 들어 있는 골수를 먹기 위한 뼈나 그 밖에 보통 끓이거나 삶아서는 먹기 힘든 것까지도 높은 압력을 가해 삶거나 끓이면 먹을 수 있게 되었다. 파팽은 1681년에 이 새로운 압력솥에 관한 책을 썼다. 『새로운 다이제스터, 또는 뼈를 부드럽고 연하게 하기 위한 엔진. 그 만드는 법과, 다음과 같은 다양한 경우, 즉 요리·항해·과자 제조, 음료 제조·의약·염료의 사용법도 포함. 합쳐서 상당히 큰 엔진의 제작비와 그것이 가져다주는 이익의 계산을 첨부』(이 무렵의 책에 이와 같이 긴 표제를 붙이는 것은 그다지 드문 일이 아니었다).

이 책에서 파팽은 온갖 사람들이 요리에 의존해 생활하고 있으므로 요리 방법을 개량해 가능한 한 완전한 것으로 하도록 늘 노력해야 한다고 지적했다. 그리고 '다이제스터의 도움으로 가장 늙은, 가장 질긴 소고기까지도 젊고 최상등(最上等)의 고기와 마찬가지 정도로 연하게, 맛있게 만들 수 있는 것을 보게 된다면' 앞으로 요리법이 크게 개량되리라는 것을 누구도 부정하지 못할 것이라고 주장했다.

그는 양의 발이나 가슴살, 우족, 늙은 토끼, 비둘기, 고등어, 민물꼬치고기, 큰뱀장어, 누에콩, 대두, 각종 과일, 오래된 뼈 등을 다이제스터로 삶으면 어떻게 되는가를 기술했다. 예를 들면,

"나는 나이 든 사육 토끼 수컷을 구했다. 그것은 보통 요리로는 도저히 먹기 어려울 정도의 것이었다. 그 살을 양념해서 다이제스터로 삶은 결과 늙은 토끼는 어린 토끼 정도로 맛이 있었고, 그 육즙은 좋은 젤리가 되었다."

그는 또

"나는 소뼈를 얻었다. 그 뼈는 오랫동안 방치되었던 것이므로 사각사각 소리가 날 정도였고, 다리 뼈 중에서도 가장 딱딱한 부분이었다. 그것을 물과 함께 작은 유리 포트에 넣어, 포트 채로 엔진에 넣어 끓였더니 포트 속에 매우 좋은 젤리가 만들어졌다. 그것을 설탕과 레몬즙으로 양념했더니 녹각의 젤리에 못지않을 정도로 맛이 있었다."

압력솥 요리의 시식회

존 에벌린(John Eberlin)은 파팽이 왕립협회 회원을 초청한 그 식사 자리에 참석한 후 그의 잘 알려진 일기에 다음과 같이 기록했다.

"1682년 4월 12일, 이날 오후 나는 몇 사람의 왕립협회 회원과 함께 식사 초대를 받았다. 저녁 식사는 생선도 소고기도 모두 파팽 씨의 다이제스터로 조리된 것이었다. 가장 딱딱한 소뼈와 양뼈가 물이나 기타 액체가 없이 치즈 모양으로 무르고, 8온스 이하의 석탄으로 믿을 수 없으리만큼 많은 양의 육즙이 생겼다. 소뼈로 만들어진 젤리는 내가 지금까지 본 적도, 맛본 적도 없을 정도로 투명하고 맛과 향기도 좋았다. 우리는 꼬치고기며 기타 생선의 뼈를 먹었는데 모두 치아에 아무런 부담도

파팽은 다이제스터로 성찬을 요리했다.

주지 않았다. 그러나 비둘기보다 나은 것은 없었으며, 마치 파이에 넣어 구운 것 같은 맛이 났다.

그것은 다이제스터에 붙어 있는 물방울 외에는 물을 전혀 가하지 않고 비둘기 그 자체의 육즙만으로 삶은 것이었다. 이와 같이 모든 식품이 가지고 있는 자연적 즙이 고형(固形)의 물질에 작용해서 가장 딱딱한 뼈마저도 무르게 만든 것이다. 이 철학적(오늘날에는 '과학적')인 만찬은 우리 모두를 매우 유쾌하게, 기쁘게 했다."

파펭은 그의 압력솥을 널리 광고하려고 저서의 전문에 다음과 같은 초대글을 실었다.

"나는 앞으로 매주 한 번씩, 이 기계와 함께 여러분을 찾아 뵙게 될 것입니다. 그것은 워터렌의 블랙 플라이어스에서 매주 월요일 오후 3시에 실시됩니다. 모르는 사람들이 몰려와 혼란스러워지는 것을 막기 위해 꼭 참여하고 싶으신 분은 왕립협회 회원 중 어느 한 분의 소개장을 받아 오십시오."

찰스 2세는 이 발명에 매우 흥미를 느껴 화이트홀에 있는 왕의 실험실에 비치하기 위해 다이제스터를 하나 만들도록 파펭에게 명령했다.

다윈과 감자

이로부터 2백 년 정도 지난 어느 날, 유명한 생물학자이며 진화론의 선구자인 찰스 다윈(Charles Darwin, 1809~1882)이 항해 도중 남미 아르헨티나의 멘도사(Mendoza)에 이르렀을 때, 동료 및 사람과 함께 산에 올랐다. 그는 높은 곳에서는 대기의 압력이 해면보다 낮아진다는 것을 알고 있었다.

파팽의 다이제스터 속에서 높은 압력을 가해 익힌 물질은 물이 끓는 온도가 100도보다 높아지기 때문에 매우 무르게 된다는 것을 기억한 덕에, 다윈은 동료들에게는 불가해(不可解)할 것으로 생각되는 것을 잘 설명할 수 있었다. 그는 그 과정을 다음과 같이 묘사했다.

"우리가 잠잔 곳(고도는 다분히 3,350미터 이하는 아니었고, 따라서 식물은 매우 듬성듬성 했다)에서는 대기의 압력이 낮았기 때문에 물은 필연적으로 더 낮은 지면에 있을 때 낮은 온도에서 끓었다. 이는 파팽의 다이제스터와는 반대의 경우였다. 그러므로 감자는 끓는 물 속에 몇 시간이나 넣어 둔 후에도 처음 넣을 때와 별반 다름없이 단단했다. 그날 밤, 밤새도록 솥에 불을 지핀 채로 두어 다음 날 아침까지 익혔지만 그래도 역시 감자는 익지 않았다. 나는 동료 두 사람이 그 원인을 논의하고 있는 것을 몰래 엿들었는데, 그들은 '분통이 터진 냄비 녀석이(냄비는 신품이었다), 감자 따위의 하등 식품은 익히고 싶지 않았던 거야'라는 단순한 결론을 내렸다."

파팽의 저서로는 『화력을 이용해 효과적으로 양수하는 새로운 기술(Ars nova ad aquam ignis adminiculo efficacissimae elevandan)』(1707) 등이 있다.

기묘한 스테이크 굽는 법

인간은 고온의 실내에서도 견딘다

빵 굽는 오븐에 들어간 여성

오븐에서 무슨 식품을 굽고 있을 때 요리사가 그 오븐 속에 들어가는 경우는 결코 없다. 하지만 18세기에 유명한 과학자 몇 사람이 '값싼 스테이크 고기'를 갖고, 그 스테이크가 13분 만에 '알맞게 구어질' 정도의 높은 온도로 달궈진 방 안으로 들어간 적이 있었다.

18세기의 과학자들은 열과 관련된 연구에 많은 시간을 보냈다. 어떤 사람은 매우 높은 온도가 인체에 어떠한 영향을 미치는가 하는 문제에 특히 관심이 많았다. 그들은 인체의 체온은 평균해서 36.6도 정도이고, 그 온도가 몇 도만 올라가도 죽게 된다는 것을 알고 있었다. 상승 폭이 5도 이내일지라도 생명에 관련될 수 있다.

또 먼 옛날부터, 예컨대 로마인은 뜨거운 탕이 인체에 미치는 영향은 뜨거운 공기의 영향과는 전혀 다르다는 것을 알고 있었다. 인간은 55도로 데워진 탕 속에서는 짧은 시간 머물러 있어도 매우 괴로움을 느끼지만 같은 온도의 방 안에서는 훨씬 긴 시간 머물러 있어도 건강을 해치지는 않는다.

이것은 1760년에 로슈푸코에 사는 두 프랑스인 과학자에 의해서 증명되었다. 그들은 곡물에 붙은 해충의 퇴치 방법을 연구하는 과정에서, 해충이 붙은 곡물을 큰 오븐에 넣어 열을 가해 보기로 했다. 비용을 절약하기 위해 빵공장의 오븐을 빵을 구운 후에 빌려 쓰기로 했다.

두 사람은 먼저 오븐 안의 온도를 알아야 했으므로 삽(shovel) 위에 온도계를 얹어 오븐 속에 밀어넣었다. 그러나 온도계를 들어내자 외부의 찬 공기 때문에 눈금을 읽을 사이도 없이 온도계의 시도(示度: 계기가 가리키는 눈금의 숫자)가 내려갔다. 옆에서 그것을 목격한 오븐을 관리하는 여성이 자기가 온도계를 들고 오븐 속으로 직접 들어가 거기서 온도를 보아 주겠다고 제안했다.

여성이 오븐 안으로 들어간 뒤 2분이 경과하자 과학자 중의 한 사람이 걱정하기 시작했다. 그러자 여성은 아무런 불편도 없으니 걱정하지 말라고 과학자를 안심시키고는 다시 10분 정도 그 오븐 속에 있었다. 온도는 화씨 288도로, 물의 비점(화씨 212도)보다 훨씬 높았다. 그 여성이 오븐 밖으로 나왔을 때 얼굴은 상당히 붉었으나 그 외에는 호흡 상태며 보행 등 모든 것이 평소와 다름없이 정상이었다.

고온실에서의 체험

인간이 높은 온도에서도 견딜 수 있다는 이 발견은 극히 우연하게 이루어졌다. 그러나 1775년에 지독하게 더운 공기에 대한 인체의 반응을 연구하기 위해 계획적으로 실험이 실시되었다. 실험에 참가한 사람들은 모두 이름이 알려진 왕립협회 회원들이었다. 그러므로 그들의 보고는 의심할 여지가 없었다.

1775년 1월 중순경, 조지프 뱅크스(Joseph Banks, 1743~1820)와 찰스 블랙던(Charles B. Blagden, 1748~1820)을 비롯한 몇 사람의 신사는 어제까지 생물이 어떻게든 견딜 수 있을 것으로 믿어지는 온도보다 훨씬 높은 온도까지 공기를 가열해 그것이 인체에 미치는 효과를 관찰하고자 하는 모임에 초대를 받았다. 그들은 모두 초대를 기꺼이 수락했다. 그도 그것이, 자신들의 체험으로 미루어 동물의 신체는 자신들의 체온보다 훨씬 높은 온도에 견디는 뛰어난 능력을 갖고 있다고 확신했기 때문이다.

그들이 사용한 방은 세로가 430, 가로가 370센티미터(대부분의 학교 교실은 대체로 이보다 2배는 된다) 정도였다. 실내에서 스토브에 불을 지피고 바닥 밑을 통하는 연도(煙道)를 통해서는 더운 공기를 실내로 도입해 가열시켰다. 실내에는 굴뚝도 공기 구멍도 없었다. 내부 온도가 거의 물의 비점(沸點: 끓는 점)에 이르렀을 때 과학자들은 착용하고 있는 옷가지는 단 한 장도 벗지 않고 한 사람씩 실내로 들어가, 후에 각자의 관찰 소견을 보고했다.

그들은 모두 발과 얼굴이 불에 쬐인 듯한 느낌이었고, 그 중의 한 사람은 흠뻑 땀을 흘렸다. 모두 맥박은 약간 빨랐지 만 호흡은 정상이었다. 하지만 누구에게나 그것은 매우 이상 한 예상 밖의 체험이었다. 모든 조건이 일반 실내의 그것과는 크게 달랐기 때문이다.

일반 실내에서라면 체온은 공기의 온도보다 높고, 또 실내 에 있는 대부분의 물체 온도 역시 인체의 온도보다 낮다. 그 러므로 가령 겨울에 찬 손에 입김을 불면 입김은 따스하게 느 껴진다. 입에서 나온 공기는 손의 피부보다 따스하기 때문이 다. 그러나 공기 중에 노출되어 있는 금속편을 만지면 차갑게 느껴진다. 금속편은 손보다 차기 때문이다.

하지만 이 더운 실내에서는 공기의 온도가 인간의 체온이나 배출하는 숨결보다 훨씬 높았다. 과학자 한 사람이 실내에 있 는 온도계에 숨을 불었더니 수은주가 몇 도 떨어졌다. 또 다 른 한 사람은 자기 몸에 손을 대 보았더니 마치 사체처럼 싸 늘하게 느껴졌다. 그는 염려되어 온도계를 자기 혀 밑에 넣어 자신이 실제로 싸늘한 인간이 되었는지 확인해 보았다. 하지 만 체온은 정상 그대로였다.

실온만으로 요리가 가능했다

1775년 4월 3일, 이전과 같은 파티에 이번에는 시포스 경, 조지 홈 경 외에 두 사람이 더 참가해 가열한 실내로 들어갔다. 이번에는 실내 온도가 물의 비점보다 높았다. 하지만 그들의 보고에 의하면, "우리 모두는 그 온도에 완전히 견디었고 체온은 느껴질 만큼의 변화를 나타내지 않았다"고 했다.

그들은 또 그 실내에 머무는 동안 실내의 '더운 정도'가 오븐 속과 거의 같았다는 것을 보여 주는 몇 가지 재미있는 요리 실험도 했다. 어떤 일이 있었는지는 그들 자신의 설명을 듣는 것이 좋을 것 같다.

실온만으로 달걀이 익고 스테이크가 구어졌다.

"우리는 주석 접시 위에 달걀 몇 개와 비프스테이크 하나를 올려놓았다. 약 20분 후에 달걀을 접시 밖으로 집어냈다. 달걀은 완전히 익어 단단했다. 그리고 47분이 지나자 스테이크는 구어진 정도가 아니라 까슬까슬하게 건조되었다. 다른 하나의 비프스테이크는 33분 만에 알맞게 구어졌다. 그날 밤, 열이 아직 높을 때 값싼 비프스테이크를 같은 곳에 넣었다. 이제까지의 경험으로, 더운 공기를 유동시키면 효과가 훨씬 증가하는 것을 보았으므로 우리는 한 쌍의 풀무를 사용해 스테이크에 바람을 불어넣었더니 고기 표면에 눈에 보일 정도의 변화가 생기고, 빨리 구어지는 것 같았다. 고기는 대부분 13분 만에 잘 구어졌다."

제2차 세계대전 중의 연구

극단의 고온을 연구한 18세기의 과학자들은 급박하게 연구해야 할 중요한 당면 과제가 있었던 것은 아니다. 그러나 제2차 세계대전 중에 고온이 인체에 미치는 효과를 연구하는 것은 매우 중요한 과제였다.

전쟁 중에 많은 군인이 높은 온도에 견디지 않으면 안 되었기 때문이다. 열대의 바다를 항행하는 해군 장병은 협소하고 더운 엔진실이나 보일러실에서 또는 포탑 안에서 근무해야 했고, 육군 병사들은 대낮의 온도가 섭씨 70도에 이르는 사막에서 싸워야만 했다. 또 연합군의 군대가 평소의 익숙한 온도보다 훨씬 높은 고온의 정글 속으로 들어가 싸워야 할 경우도 많았다. 그래서 과학자들은 전시(戰時) 조건에서 발생할 수도 있는 여러 문제를 연구했다. 높은 온도로 가열할 수 있는 방이 특별히 만들어졌다. 지원자가 그 방에 들어가 오래도록 혹은 짧은 시간 머무르고 혹자는 그 방 안에서 작업을 하여 소비되는 에너지량을 측정했다.

인체가 강한 힘을 발휘하고 있을 때는 열을 잃지 않는 한 체온이 오르기 마련이다. 인체는 정상 상태에서는 네 가지 방법에 의해 열을 잃는다. 즉, 전도에 의한 방법, 대류에 의한 방법, 방사에 의한 방법, 증발에 의한 방법 등이다. 전도, 대류, 방사 중에서 어느 한 방법에 의해서든 열을 잃으려면 주위의 공기가 신체보다 차야만 한다. 그리고 보면 더운 실내에서 인체가 열을 잃는 방법은 오직 하나, 증발에 의해서뿐이다. 그래서 과학자들은 땀의 증발에 큰 관심을 보였다.

피부의 표면 가까이에는 많은 한선(땀샘)이 있으며, 더운 실내에서는 매우 활발하게 활동한다. 땀의 주성분은 염수이고, 더운 실내에서는 그중의 수분이 일부 증발한다. 물이 수증기로 변하려면 열이 필요하며, 땀이 증발하면 그 열이 몸에서 빠져나가게 된다. 몸이 열을 잃으면 물론 이전보다 차게 된다. 그러나 작은, 밀폐된 더운 실내에서는 곧 공기가 수증기로 가득 차 포화된다. 이렇게 되면 더 이상 땀은 증발하지 못하게 된다.

전시 중 과학자들은 더운 실내에서 인간이 일을 하는 속도를 연구했다. 그들은 사람이 심한 일을 계속하기 위해서는 높은 비율로 땀이 나는 것이 필요하지만, 그 높은 비율의 발한은 30분 이상 계속될 수 없고, 30분 이내일지라도 평소에 훈련을 쌓지 않으면 달성할 수 없다는 것을 확인했다. 또 개인에 따라서 발한 행동도, 고온 분위기에서 하는 일의 양도 현저한 차이가 나는 것을 발견했다. 인간은 고온의 실내에 처음 들어갔을 때는 크게 땀을 흘리지 않고 여러 번 들어가서야 비로소 충분한 땀을 흘리게 된다는 것도 확인했다.

18세기의 과학자들이 더운 방에 들어갔을 때 몸의 반응은 사람에 따라 상이했던 사실을 상기할 필요가 있다. 흠뻑 땀을 흘린 사람은 단 한 사람뿐이었다. 전시 연구의 결과로 미루어 보아, 사람들이 별로 땀을 흘리지 않았던 것은 경험 없이 더운 실내에 처음 들어간 때문이 아니었나 생각된다. 하지만 그들이 오랜 시간 그곳에 머물러 있었다면 발한의 가능성은 시간과 더불어 늘어났을 것이다.

영국으로 밀반출된 고무 종자
1838년에는 가황법을 발견

고무의 발견

콜럼버스가 서인도 제도를 두 번째로 항해하기까지 옛 세계는 고무를 알지 못했다. 서인도 제도의 한 섬, 아이티(Haiti)에서 콜럼버스의 부하가 원주민이 나무의 진으로 만든 공(ball)으로 놀이를 하는 것을 목격했다. 이 공은 실이나 끈을 감아서 만든 공보다 크고 탄력도 좋아 높이 뛰어올랐다.

공의 원료가 되는 진(나무에서 분비되는 점액)은, 아이티의 덥고 습한 기후에서 자라는 어떤 나무의 줄기에 상처를 내어 짙은 우유 모양의 점액이 방울지어 떨어지는 것을 모아 만들었다. 이 액은 후에 라텍스(latex)로 호칭하게 되었고, 원주민은 라텍스를 원시적인 외과 수술이나 복용약 또는 주술(呪術)의 의식과 마술에도 사용했다.

진, 즉 생고무는 유럽에도 수입되었지만 18세기 말에 이르기까지도 상업적 가치는 거의 없었다. 영국의 신학자이며 화학자인 조지프 프리스틀리(Joseph Priestley, 1733~1804)는 그 약간의 용도 하나를 예로 들어 "종이에 기록한 검은 연필 글씨를 지우는 데 매우 적합하며, 한 변이 약 30센티미터인 입방체(立方體)의 값은 3실링에 불과하지만 몇 해 동안은 쓸 수 있을 것이다"라고 했다.

고무로 코팅한 방수포 개발

1823년에 스코틀랜드의 화학공업가인 찰스 매킨토시(Charles Macintosh, 1766~1843)는 염료를 제조하기 위해 암모니아가 대량 필요했으므로 가스공장에 판매 가능 여부를 문의했다. 그 무렵, 석탄을 가열·분해해서 건류(乾溜)했을 때 가스와 코크스 외에도 암모니아의 수용액, 타르(tar), 물과 타르의 표면에 뜨는 콜오일(coal oil: 석탄유) 등, 세 가지 물질을 얻을 수 있었다.

글라스고 가스공장 지배인은 타르와 콜오일까지 함께 인수하겠다면 암모니아를 매킨토시에 팔겠다고 했다. 그 무렵에는 적은 양의 타르는 조선소에서 목재의 방부제로 사용하는 외에는 사실상 아무런 쓸모가 없었다. 그러므로 가스 제조업자는 골치 아픈 타르와 콜오일을 처분하기 위해 몇 마일이나 떨어진 시골 마을까지 차로 운반해서 황무지에 버려야 했다.

매킨토시는 암모니아가 절실히 필요했으므로 폐기물 모두 인수하는 조건을 수락했다. 이 일이 있기 수년 전에 화학자들은 라텍스를 사용해서 많은 실험을 한 결과, 그것이 몇 종류의 액체에 녹는다는 사실을 발견했었다. 원해서 콜오일을 매입한 것은 아니지만, 그래도 버리기는 아까웠으므로 매킨토시는 라텍스가 이 오일에 녹는지 여부를 생각하게 되었다. 실험한 결과 기대했던 바와 같이 녹았다. 그 용액을 접시에 담아 밀쳐놓았더니 액은 증발하고 접시 안쪽에는 엷은 고무막이 남아 있었다. 매킨토시는 고무막이 물을 차단한다는 것을 알고 있었으므로, 이 고무의 성질을 잘 이용해서 실용적인 제품을 만들어야겠다고 결심했다.

그는 천 한쪽 면에 라텍스를 콜오일에 엷게 녹인 것을 칠한 다음 놓아두어 콜오일을 증발시켰다. 그랬더니 천 표면에 엷은 고무막이 남았다. 즉, 방수성이 형성된 것이다.

매킨토시는 이에 힘을 얻어 실험을 거듭한 결과 오래지 않아 마침내 방수포(防水布)를 대량으로 생산하기 시작했다. 먼저, 콜오일에 녹인 고무액을 두 장의 천, 각각 한쪽 면에 브러시로 칠하고, 오일이 대부분 증발하면 두 천의 점착력 있는 부분을 맞대어 꽉 눌러붙였다. 오일이 완전히 증발하면 바깥면의 두 천과 중간의 고무면까지 합한 3층의 샌드위치가 형성되었다.

고무의 가황법을 발견

이 최초의 '매킨토시'는 분명히 물이 통하지 않았다. 그러나 여름철이 되면 중간의 고무층이 무르게 끈적거려 밖으로 스며 나왔다. 또 겨울이면 천이 딱딱하게 굳어지므로 이 천으로 만든 코트는 갈고리에 걸어 둘 필요가 없을 정도였다. 바닥에 벗어 놓으면 그대로 서 있을 정도로 딱딱했다.

고무가 끈적거리는 것을 방지하려고 고무 공장의 종업원이었던 나다니엘 헤이워드(Nathaniel M. Hayward, 1803~1865)라는 영국 사람은 분말의 황을 고무층 위에 놓아 보았다. 그는

고무는 우연히 가황 처리되었다.

먼저 황을 테레빈유(turpentine oil)에 녹여서 그 용액을 고무막 위에 칠했다. 테레빈유가 증발하자 미세한 고무 분말이 층이 되어 남아 고무 표면을 덮었다.

1838년에는 찰스 굿이어(Charles Goodyear, 1800~1860)라는 미국 사람이 같은 혼합물을 사용해서 같은 실험을 했다. 기록에 의하면, 그는 고무와 황을 테레빈유에 섞어 녹였다. 손잡이가 있는 국자에 그것을 넣어 손에 든 채, 한 친구와 활발하게 논의하다가 이야기에 열중한 나머지 자기 뜻을 강조하기 위해 손을 휘둘렀다. 이 때문에 국자가 손에서 벗어나 고무와 황의 덩어리가 빨갛게 달궈진 스토브 위에 떨어졌다. 보통 고무였다면 말랑하게 끈적거리게 되었거나 더 있으면 녹아 흘렀을 것이다. 하지만 이 고무 덩어리는 말랑하게 되거나 녹지도 않고 대신 서서히 눋기 시작했다.

굿이어는 매우 놀랐지만, 당시에는 이 변화에 별 관심을 나타내지 않았다. 그러나 얼마 후가 되자, 만약 눋는 과정을 적절한 시점에서 멈추게 할 수 있다면 고무가 갖고 있는 본래의 점착성을 배제할 수 있을지도 모른다는 생각이 머리에 떠올랐다. 그는 많은 실험을 반복함으로써 드디어 가열해도 녹거나 끈적거리지 않고, 냉각시켜도 항상 탄성을 유지하는 고무를 만들 수 있게 되었다. 이렇게 처리된 고무는 '가황(加黃, vul-canization)'된 고무라고 부르게 되었다.

훨씬 이후에 와서, 굿이어는 이때의 일을 다음과 같이 회상했다.

"나는 이전부터 이 목표(탄성고무를 만들겠다는)를 달성하려고 노력하고 있었으므로 이 사실에 조금이라도 관련이 있는 것은 무엇 하나도 나의 관심에서 벗어난 적은 없었다. 그것은 '뉴턴에게' 사과의 낙하와 마찬가지로 나의 연구 목표에 기여하게 될지 모르는 어떠한 사건도 추론을 이끌어 낼 태세가 갖추어진 인물에게는 하나의 중요한 사실을 암시하는 것이었다. 그러나 발명자는 이와 같은 발견이 과학적인 화학 연구의 결과가 아니라는 사실은 인정하지만 그것이 일반적으로 말하는, 소위 우연의 결과라고는 인정하고 싶지 않다. 나는 가장 주도면밀한 추론을 적용한 결과라고 주장하는 바이다."

위크햄, 파라고무의 종자를 밀반출하다

산업계는 곧 가황 고무의 다대한 용도를 개척했다. 그 때문에 1830년에는 원료인 생고무가 고작 25톤밖에 영국에 수입되지 않았지만 1870년에는 수입량이 무려 8,000톤으로 증가했다.

이 무렵, 영국 큐왕립식물원(Kew Royal Botanic Garden)의 과학자들은 극동에 있는 영국 식민지에서 고무나무를 재배하는 가능성에 관심을 가졌다. 생고무는 어떤 종(種)의 나무 즙액, 즉 라텍스로 생산하므로 과학자들의 최초의 과제는 고무라텍스를 생산할 수 있는 여러 종류의 나무 정보를 입수하는 것과, 그것을 극동 여러 나라에 이식했을 때 수확을 가장 많이 거둘 수 있는 수종을 선정하는 일이었다. 그들은 브라질에 많이 자라고 있는 파라고무의 나무가 가장 적합할 것이라고 판단했다. 브라질에서는 아마존 강과 그 지류가 관개(灌漑)하는 광대한 토지에 거대한 파라고무 숲이 수천 평방마일에 걸쳐 무성하게 자라고 있다.

큐식물원에서는 소수의 파라고무나무(para rubber) 종자를 분양받아 키웠다. 이 종자에서 얻은 묘목을 1873년에 인도 동북부의 캘커타(Calcutta; 지금은 Kolkata로 불림)로 옮겨 심었으나 살아남은 나무는 거의 없었다.

브라질에서 오래 근무한 영림관(營林官) 헨리 위크햄(Henry A. Wickham, 1846~1928)은 인도성(印度省)으로부터 한번 더 심어 달라는 부탁을 받았다. 위크햄은 공적 절차에 따라 반출하려면 틀림없이 브라질 당국이 허락하지 않을 것이라고 믿었다. 그래서 그는 종자를 몰래 반출하기로 결심했다. 후에 그는 그때의 심정을 다음과 같이 털어놓았다.

"만약 당국이 나의 방문 목적을 알아챘다면 나는 여지없이 구금될 것이라는 사실을 알고도 남았다. 클레멘트 머컴이 열대 식물인 키나(quina) 나무를 영국으로 가져가려고 그것을 페루의 몬태나(Montana)에서 반출했을 때 지독한 어려움에 부딪쳤던 이야기를 들은 바 었었다."

위크햄은 타파조스(Tapajós) 강 인근의 대지에 자라고 있는 싱싱한 파라고무나무에서 종자를 얻기로 했다. 이 강은 아마존 지류의 하나로 산타렘(Santarém)이라는 작은 도시에서 본류와 합류한다. 아마존은 매우 광대하고 또 수심도 깊으므로 산타렘은 하구에서 몇백 마일 거슬러 올라간 지점에 소재하지만 그래도 대양을 항해하는 선박이 기착할 수 있었다.

그가 산타렘에 도착하자 곧 범선 아마조나스 호가 정기 항해로 내륙 항구로 들어갔다. 배에는 무역상인 두 사람이 타고 있었으며, 그들은 영국에서 가져온 물품을 처분해 얻은 돈으로 현지산 물품을 구입해 돌아가는 것이 목적이었다. 하지만 그 둘은 매우 정직하지 못한 사람이어서 적재물이 모두 팔리자, 그 돈을 갖고 야반도주했다.

선박의 지휘자인 마레 선장은 빈 배와 함께 남아 영국으로 갖고 갈 물품을 구입할 방도가 없었다. 위크햄은 마레 선장의 딱한 사정을 듣고 그것을 이용하기로 결심했다. 이 무렵, 파라고무의 종자가 성숙해서 수확할 시기가 되었으므로 그는 선장에게 화물을 런던까지 실어다 준다면 영국 정부의 인도성에서 바로 비용을 지불할 것이라고 설득해 인도성 명의로 배를 대절했다. 마레 선장은 귀국할 짐이 생겼으므로 기꺼이 종자의 선적을 동의했다.

위크햄은 서둘러 인디언의 작은 카누를 타고 타파조스 강을 거슬러 올라가 파라고무나무가 무성한 밀림으로 갔다. 거기서 그는 많은 원주민을 고용해 종자를 수집했다. 날마다 무거운 짐을 맨 남자들이 원주민 마을에 마련된 그의 본거지로 돌아왔다. 또 주민 중에 여성들은 등나무 줄기로 바구니를 엮거나 종자를 햇빛에 말리고, 야생의 바나나 잎을 말린 종자 사이에 싸서 바구니에 담았다.

충분한 수의 종자가 수집되어 짐이 꾸려지자 위크햄은 그것을 통풍이 잘 되는 아마조나스 호의 앞쪽 선창에 적재했다. 영국을 향해 긴 항해에 나설 준비는 모두 갖추어졌다. 그러나 위크햄은 수출용 화물을 적재하고 강을 내려오는 선박은 빠짐없이 시의 항구에 정박해 당국이 출국 허가증을 발급할 때까지 기다려야 한다는 것을 알고 있었다. 그는 만약에 파라고무 종자를 반출하려는 사실이 발각된다면 출국 허가는 받지 못할 것이라 믿었다. 그래서 그는 파라시(市)에 주재하는 영국 영사를 설득해서 도움을 청했다. 두 사람은 함께 항구의 관리를 찾아가서 "배에는 영국 국왕 폐하가 큐왕립식물원에 심기 위해 특별히 주문하신 매우 델리게이트한 식물이 실려 있다. 그것은 신속하게 운반되지 않으면 안 된다. 운송(運送)이 늦어지면 약한 식물은 살지 못하기 때문이다." 위크햄은 이렇게 설명하고는, 이 관리가 매우 급하다는 것을 인지하고, 또 화물을 받을 상대가 국왕이라는 사실을 인지한 이상 선박의 출항을 바로 허가해 줄 것으로 확신한다고 부언했다.

영사도 옆에서 위크햄의 설명에 입을 맞추어, 그 관리를 '각하'라고 호칭하면서까지 아첨을 떨었다. 항구의 관리는 이를 수긍한듯, 그 선박이 화물 검사 없이 출항하는 것을 순순히 허가했다.

위크햄은 서둘러 선박으로 돌아와 영국을 향해 출항했다.

그제서야 마음을 놓은 위크햄은 종자를 갑판 위로 가져다 선수(船首)에서 선미(船尾)까지 늘어놓았다. 이는 통풍을 위해서와 선내에 득실거리는 쥐를 피하기 위해서였다. 이렇게 해서 1876년 6월에 7만 개에 이르는 종자가 큐식물원에 도착하자 바로 온실 안에 심어졌다. 그러나 싹이 튼 것은 고작 약 3퍼센트에 불과했다.

같은 해 8월에 약 1,900그루의 묘목이 38개의 케이스에 넣어져 한 명의 원예학자와 함께 세일론(Ceylon, 지금의 Sri Lanka)으로 보내졌다. 그리고 다음 해에는 충실하게 자란 묘목 일부가 싱가포르, 기타 동방의 영국 식민지로 배송되었다.

파라시의 항구 관리가 위크햄을 저지할 노력을 전혀 하지 않은 것은, 위크햄이 걱정했던 사실이 근거 없는 것이었음을 밝혀 준다. 그 관리는 만약 상부로부터 파라고무 종자의 반출을 금지하라는 명령을 받은 적이 있었다면 설령 국왕의 의뢰품이라는 말을 들었다 한들 그렇게 선선히 출항시키지는 않았을 것이다. 또 만약에 영사가 그런 명령이 있었다는 것을 알았다면 앞에서 말한 것 같은 소극적 행동은 취하지 않았을 것이 분명하다. 어찌 되었든, 위크햄이 몰래 가져온 것은 극동의 영국 식민지에 번영을 가져다주었다.

파라고무는 성장이 빠른 나무이므로 심고 나서 5년도 지나지 않아 라텍스를 생산할 수 있고, 관리만 잘 한다면 이후 20년간 생산을 계속할 수 있다. 이렇게 되어 20세기 초반 무렵에는 극동에 드넓은 고무숲이 형성되어 영국 국내뿐만 아니라 세계 전체가 필요로 하는 고무의 대부분을 공급하게 되었다.

위크햄은 그의 활약에 대해 충분한 보상을 받았다. 즉, 종자와 맞바꿔 약속한 돈을 받고, 큐식물원의 검사관으로 임명되었다. 세월이 훨씬 지난 1911년에는 고무나무 재배에 관한 업적으로 나이트(knight)에 서품되었다.

플림솔의 만재 흘수선

거듭된 소동 끝에 법안 통과

선박의 흘수선

영국을 비롯해 세계 각국의 선박은 작은 요트나 어선 등의 소수 예외를 제외하고는 모두 선복(船腹)에 만재 흘수선(滿載 屹水線, full load draft line)을 기입해야 한다. 이 선은 그 깊이까지 배가 물 속에 들어가도 침몰할 위험이 없다는 것을 표시한 것인데, 그 배가 화물을 얼마만큼 적재할 수 있느냐 하는 한계를 나타낸다. 또 횡선이 하나가 아닌 몇 개인 이유는, 배가 항해하는 바다의 수온과 염분의 농도에 따라 안전한 깊이가 다르기 때문이다.

영국에서는 이 선을 새뮤얼 플림솔(Samuel Plimsoll, 1824~1898)의 이름을 따서 '플림솔 마크(Plimsoll Mark)'라고 한다. 플림솔은 1868년부터 1880년까지 자유당 출신의 하원의원으로 재직하면서, 이 선을 의무적으로 표시하게 하는 법안을 통과시키는 과정에서 역사적인, 또 감동적(sensational)인 역할을 했다.

홀이 해운업계를 맹비난하다

19세기 중반에 이르자, 제임스 홀(James Hall)이라는 뉴캐슬(New Castle)의 선주(船主)가 해운업계를 준엄하게 비판하고 나섰다. 그는 해상 운송에 투입된 선박들의 상태에 깊은 충격을 받았다.

그의 말에 따르면, 대부분의 선박은 항해에 견디기 어려운 상태일 뿐만 아니라 화물을 과적하거나 운전을 위한 장비가 불충분하며, 장비가 있다 해도 제대로 기능하지 못하는 것이었다. 이와 같은 악조건이 원인으로 다수의 선박이 침몰하고, 종종 많은 인명도 잃었다. 이와 같은 고물선을 관용선(棺桶船)이라고도 했는데, 대개 과분할 정도로 보험에 가입하고 있었으므로 배가 침몰해도 선주들은 손해보다 오히려 득이 되는 일이 많았다.

당시의 법률로는 이와 같은 끔찍한 사태를 종결시킬 근거가 없었으므로 홀은 법을 개정하기 위한 십자군운동을 시작했다. 그리하여 1871년에 이 사태를 처리하는 법안이 통과되었지만 그것은 홀이 바란, 화물의 과적을 법률에 위반하는 것으로 규정하지 않았다.

플림솔, 선박 상태의 개선을 주장하다

이 법안이 의회를 통과하려고 할 즈음 홀은 새뮤얼 플림솔을 만났다. 플림솔은 이때서야 상선(商船)의 조건이 얼마나 열악한가를 정확하게 듣고 알았다. 홀의 문제 제기는 더비(Derby)에서 갓 선출된 이 풋내기 하원의원의 휴머니스틱한 성격에 크게 맞아떨어진 것이었으므로 그는 곧 홀을 대신해서 캠페인을 주도하게 되었다. 그는 홀이 제안한 개혁안 대부분을 강력히 옹호했을 뿐만 아니라 마치 자기가 처음으로 제기한 것처럼 그것을 자기의 제안인 양 추진했다. 그는 이 운동을 막다른 곳까지 끌고 갔으므로 거의 모든 사람은 제안된 개혁안을 홀이 아닌 그와 결부시켜 생각하게 되었다.

플림솔의 공격이 최대의 힘을 발휘한 것은 1873년, 지금도 유명한 그의 저서 『우리들의 선원 — 하나의 호소』가 발간되었을 때였다. 그 책에서 플림솔은 다음과 같이 적고 있다.

"난파선으로 인해 매년 몇백 명에 이르는 인명이 목숨을 잃고 있다. 게다가 그 대부분은 쉽게 예방할 수도 있는 원인으로 죽는다. 다수의 선박이 노후하거나 장비 부족 상태이면서 정기적으로 바다로 나가고 있다. 그 때문에 좋은 날씨가 계속되지 않으면 목적지에 이르지 못한다. 또 대부분의 선박은 화물을 과적하므로 바다가 약간이라는 거칠면 목적지에 도착하는 것은 거의 불가능한 실정이다."

이 책은 많은 신문으로부터 호평을 받았으며, 이 책에서 제기한 개혁은 여론의 지지를 받았다. 그는 이에 힘을 얻어 책이 간행되고 나서 2개월도 지나지 않아, 이 책에서 제기한 여러 사항에 대해 조사·보고를 규정한 왕립조사위원회 설치 의안을 의회에 제출했다. 그가 얼마나 설득력 있는 호소를 했는가는 짧은 발췌만으로도 알 수 있을 것이다. 플림솔은 다음과 같이 주장했다.

"내가 왜 이렇게까지 선원들을 위해 보탬이 되려고 하는지, 그 이유를 여러분에게 설명하고자 합니다. 만약 우리들의 성직자, 우리들의 의사, 우리들의 공직자의 생명이 정부의 한 관리가 '가장 엄하게 징벌을 받아야 할 태만의 살인적 시스템' 같은 것에 의해서 매년 1천 명 가까이가 희생되고 있다면 여러분은 무어라 말씀하시겠습니까? 영국 전역에 이 무법 행위에 대한 분노가 울려 퍼질 것입니다. 그러나 굳이 말하면, 노동자 계급이라는 사람들도 전술한 어떤 1천 명과 마찬가지로 존경과 사랑받을 가치가 있습니다."

명예훼손으로 고소를 당하다

불행하게도 플림솔의 열의는 한 발짝 지나쳤다. 분명히 그로부터 '폐선(廢船) 매입꾼'이라든가 '난파선 주인'이라는 비난을 받아 마땅한 인물도 많았지만 그 반면 양심적인 고용주도 많이 있었다. 누구를 비난하거나 공격할 것인가를 정할 때, 그는 입수한 정보를 전혀 확인하지 않았거나 확인했다 하더라도 적당히 얼버무림에 불과했다. 만약 그가 좀 더 용의주도했더라면 역시 선주였던 두세 명의 하원 동료 의원까지 싸잡아 비난하는 것은 삼갔을 것이다. 이들 의원은 그러한 선원들의 참상을 발판으로 많은 재산을 축적하고, 의회에 들어와서도 이 문제에 관한 입법을 방해하기 위해 가능한 모든 수단을 다하고 있다고 플림솔은 주장했다.

이것은 매우 중대한 발언이었다. 공격의 표적이 된 한 의원이 플림솔을 명예훼손으로 고소한 것은 놀랄 일이 아니었다. 이 의원은 법정에서 "나는 좌초 또는 충돌로 인한 사고 외에는 단 한 척의 배도 침몰로 잃은 적이 없었다. 단, 한 건의 예외를 제외하고 날씨가 원인으로 배를 잃은 적이 없으며, 선원 한 사람의 생명도 잃은 적이 없다"고 진술했다.

재판은 무척 오랜 시일 이어졌지만 결국 고등민사재판소는 플림솔이 불충분한 증거를 바탕으로 성급하게 성명한 것은 책임을 저야 할 것이라고 평결했다. 그러나 이 사건은 플림솔에게 형법을 적용할 사안은 아니라고 덧붙였다. 하지만 플림솔은 자기 자신의 소송 비용을 부담하게 되었으며, 그것은 상당한 액수였다.

의회에서의 폭언이 법안을 통과시켰다

플림솔의 제안으로 설치된 왕립위원회는 보고서를 제출했지만 그 보고서에는 플림솔이 과적을 반대하는 캠페인에 사실상 아무런 지지도 언급함이 없었다. 그러나 플림솔은 굴복하지 않았다. 1875년에 드디어 '해운법'을 개정하는 법안이 의회에 제출되었다. 이 법안의 제1조에는 모든 선박은 로이즈(Lloyd's) 또는 리버풀(Liverpool)의 선급협회에서 이미 검사를 받은 배를 제외하고는 각각 현재 정박하고 있는 항구를 출항하기 전에 검사를 받아야 한다고 규정하고, 제2조는 어떠한 선박도 그보다 깊이 배를 침수시켜서는 안 된다는 최대한의 적재 흘수선을 명시해야 한다고 규정했다.

이 법안은 쉽사리 통과되지 않았다. 벤저민 디즈레일리(Benjamin Disrael, 1804~1881) 수상이 정부는 이 법안을 철회할 의향이라고 성명을 발표하자 사태는 위기에 빠졌다. 그 직후, 의회에서는 좀체로 보기 힘든 광경이 벌어졌다. 플림솔은 완전히 자제력을 잃고 흥분한 상태로 앞으로 나가 의회의 휴회를 제안했다.

그는 의사(議事)가 재개되었을 때는 상무장관으로부터 1874년에 일어난 어떤 선박의 침몰에 관해, 또 그것이 플리머스(Plymouth) 출신의 배스 의원 소유의 선박이었는지 아닌지에 대해 보고를 요청할 것이라고 했다. 또 첨가해서 자유당 출신의 몇몇 의원에 대해서도 마찬가지 질문을 할 것이라고 했다. 이어서 섬뜩한 발언을 했다.

"나는 선원들을 죽음으로 몰아넣은 이 악한들의 가면을 벗길 각오이다."

플림솔은 의자 앞에 나와 서서 발을 구르고 불끈 움켜쥔 주먹을 대장성(大藏省) 좌석을 향해 흔들어 세웠다. 의회에서의 그런 행위는 용인될 리 없었다. 특히 동료 의원을 악한으로 매도하는 것은 중대한 행위였다. 수상은 그의 징계를 요구했지만 플림솔의 동료들은 옹호하는 발언을 하여, 하원 의장은 다음 주 같은 요일에 자기 의석에 출석하라고 명령했다.

1주일 후 플림솔은 방청석이 가득 차 소란스러운 의회에서 '깊은 유감의 뜻'을 표명했다. 하원에서 그의 사과를 받아들임으로써 결국 이 소동은 그의 주장에 아무런 해도 가하지 않았다.

결과적으로 이 사건은 크게 세간의 주목을 받게 되었으므로 정부는 신문 논조와 국민 여론에 꼬리가 물려 법안의 통과를 서두르지 않을 수 없게 되었다. 그리하여 1875년 8월 법안이 하원을 통과해서 1876년의 '상업해운법'이 성립되었다. 그리고 1930년에는 국제 만재흘수선조약이 체결되어 만재 흘수선 표시는 국제적으로도 의무화되었다.

초기의 증기기관

세이버리 · 뉴커먼 · 와트로 어어진 진전

우스터의 증기기관

증기에 의해서 작동하는 엔진, 즉 증기기관은 17세기에 들어서 약간의 진전을 보였으며, 그 발달에 공헌한 사람이 우스터(Worcester) 후작의 2대 에드워드 서머싯(Edward Somerset, 1601~1667)이었다.

우스터 후작은 찰스 1세 군에 가담해 싸웠기 때문에 의회의 결의로 국외 추방되었다. '만약 그가 영국 국내에서 잡힌다면 용서 없이 사형'을 선고하도록 의결되었음에도 불구하고 그는 왕당(王黨)의 첩자로 귀국했다. 1652년에 그는 체포되어 별도 재판 없이 런던탑에 가두어졌다.

이 후작은 군인이 되기 전에는 당시의 과학에 큰 흥미를 갖고 있었다. 그래서 2년에 걸친 유폐 생활 동안 여러 과학 문제를 고찰했다. 전설에 의하면, 어느 날 저녁을 준비하고 있을 때 물이 끓어 솟는 증기에 의해서 솥뚜껑이 쉴 새 없이 덜컹거리는 것을 보았다.

"그는 생각이 깊은 사람이었으므로 이 사태를 유심히 지켜보았다. 쇠로 만들어진 솥뚜껑을 들어 올릴 힘이라면 다른 여러 가지 유용한 목적에도 이용할 수 있을 것이라는 생각이 떠올랐다."

그는 자유의 몸이 되고 나서 이 아이디어를 이용해 광산의 갱(坑)에서 물을 배수(排水)하는 증기기관을 설계했다.

하지만 그가 실제로 증기기관을 만들었다는 것을 증명하는 결정적인 증거는 발견되지 않는다. 다만 그러한 기계를 만드는 방법을 『발명의 100화』라는 유명한 저서 속에 약술하고 있을 뿐이다.

세이버리의 발명

증기기관에 관한 두 번째 이야기에는 영국의 발명가이자 군사공학자인 토머스 세이버리(Thomas Savery, 1650~1715)가 등장한다. 그는 틈만 나면 기계 실험에 몰두해, 광산의 물을 배수하기 위해 사용하는 증기기관을 발명했다.

어느 저술가는 세이버리가 우스터 후작의 저서에 기록되어

토머스 세이버리

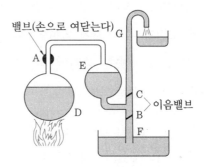

세이버리의 증기기관 원리도

있는 플랜을 인용해 증기기관을 만들었다고 비난했다. 그 저
술가는 세이버리가 자신의 추악한 수작을 어떠한 방법으로 감
추려 했는가를 다음과 같이 설명했다.

> "그는 우스터 후작의 책을 구입할 수 있는 한 모두 구입해
> 소각했다. 그 책에서 복사한 사실을 숨기기 위해서였다. 그 후
> 에 그는 우연한 기회에 증기의 힘을 보았다고 나팔을 불었다."

세이버리의 증기기관은 당시 '불엔진'으로 통칭되었으며, 원
리상 플라스크(flask)와 주발 비슷했다. 주요 부분은 큰 볼에
기다란 관을 연결한 것으로, 관의 길이는 광산 갱의 바닥에
고인 물까지 뻗었다. 먼저 볼에 증기를 채우고 다음에 그 바
깥면에 찬물을 가하면 증기가 응결해서 물방울이 된다. 그러
면 완전한 진공은 아니지만 내부에 진공이 생긴다. 그리하여
곧바로 물이 관 속으로 빨려 올라가 빈 공간으로 들어간다. 다
음에 볼에 들어간 물을 밖으로 배출한다. 그 후에 또 볼에 증

기를 채우고 냉각·응결시켜 볼에 물을 흡입해서 그 물을 밖으로 배출한다. 이 과정을 필요한 만큼 계속 반복했다.

세이버리의 발견이 우스터 후작의 책에서 도용한 것이라고 하든, 아니라고 하든 사실 우스터 후작의 저서에 실린 증기기관 제작에 관한 설명은 너무나 불충분해서 그것을 토대로 실제 증기기관을 만들기는 누구라도 불가능했을 것이란 사실은 인정하지 않을 수 없었다. 어찌 되었든 세이버리의 증기기관은 곧 다트머스(Dartmouth)의 대장간 주인 토머스 뉴커먼(New-comen, 1663~1729)이 설계한 좀 더 우수한 증기기관에 의해서 그 지위를 잃었다.

뉴커먼의 증기기관

다트머스에 전래되는 한 전설은 우스터 후작에 관한 전설과 매우 비슷하다. 그 전설에 의하면, 어느 날, 뉴커먼이 불 곁에 앉아 있을 때 주전자에서 솟아나는 증기가 계속 뚜껑을 들어 올리는 모습을 보았다. 그는 그 관찰에서 빠져나가는 증기가 강한 힘을 가지고 있다는 것을 확신하고 그의 증기기관을 설계하게 되었다고 한다.

뉴커먼은 로버트 보일(Robert Boyle, 1627~1691)로부터 진공에 대한 가르침을 받아 1705년에 최초의 증기기관을 만들었지만 그 기능이 불충분했다. 그래서 여러 번 실험을 되풀이한

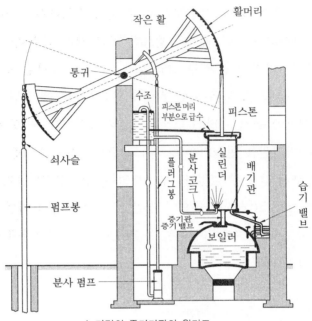

작은 활　　　활머리

통귀

수조

피스톤머리
부분으로 급수　　　피스톤

쇠사슬

플
러
그
봉　　　분
사
코
크　　　실
린
더　　　배
기
관　　　습
기
밸
브

펌프봉

증기관
증기 밸브

보일러

분사 펌프

뉴커먼의 증기기관의 원리도

결과 1712년에야 만족할 만한 증기기관 제작에 성공했다. 그의 증기기관은 피스톤과 실린더와 보일러를 조합한 것이었다 (그림 참조). 그 구조를 간략하게 소개하면, 보일러 위에 있는 실린더 바닥에 증기가 들어가면 빔의 다른 끝에 매달린 펌프봉의 무게 때문에 피스톤이 상단까지 올라간다. 증기는 실린더에 들어온 공기와 물을 배기관과 밸브를 통해 배출한다. 이어서 보일러와의 연결을 차단하고 냉수를 분출해서 증기를 응축시켰다. 여기서 진공이 형성되면 대기압이 피스톤을 실린더 바닥까지 밀어내어 펌프봉이 올라왔다. 이때 다시 증기를 넣으면 다시금 이 사이클이 반복되었다. 증기 밸브와 분사 코크는 처음에는 손으로 조작했었다. 하지만 이 증기기관에도 결점이 많았다. 예를 들면, 실린더에 증기를 넣고, 또 그것을 냉각하는 것을 반복하므로 능률이 좋지 않았다. 그리고 이 기관은 1분간에 1회 동작해서 약 46미터 깊이의 물을 퍼올렸다. 하지만 그 무렵의 광산은 더 깊이 파고 내려갔으므로 이 기관을 이용하는 데에는 한계가 있었다.

이뿐만 아니었다. 더 큰 결점은 운전에 매우 많은 석탄을 사용하는 문제였다. 광산주들은 매일 50마리의 말을 이용해 이 기관에 사용하기 위한 석탄을 운반해 오지 않으면 안 되었다. 광산에서 얻은 이익 모두를 말 사룃값으로 지불해야 할 정도가 되었다. 뉴커먼은 이와 같은 결점들을 시정하려고 계속 많은 노력을 기울였지만 뜻을 이르지 못하고 끝내 결핵으로 사망했다.

와트의 복수기 발명

뉴커먼의 엔진은 널리 사용되었지만 동작이 느리고 앞에서 기술한 바와 같이 많은 연료를 사용했기 때문에 경제적으로도 큰 효과가 없었다. 이 내연기관의 비능률은 실린더를 식혀서 증기를 응결시키는 방법이 주된 원인이었다. 이 모든 결함을 극복하고 증기기관을 완성해 산업혁명에 직접 방아쇠를 당긴 사람이 제임스 와트(James Watt, 1736~1819)였다.

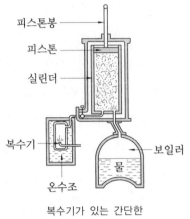

피스톤봉
피스톤
실린더
복수기
온수조
보일러
물

복수기가 있는 간단한
증기기관의 원리도

제임스 와트

1764년 당시, 글라스고 대학에서 기구 제작에 종사하던 청년 와트는 뉴커먼 기관의 한 모형을 수리하는 일을 하고 있었다. 그는 모형을 깊이 연구해서 어디에 결함이 있는가를 확인했다.

그는 마음속으로 그것을 개선할 방법을 심사숙고했지만 적절한 수단이 좀체로 떠오르지 않았다. 그러다가 1765년 초의 어느 일요일 기막힌 아이디어가 떠올랐다. 그 과정을 와트는 다음과 같이 털어놓았다.

"맑게 갠 안식일 오후, 나는 산책을 나갔다. 문을 통해 그린(골프장)에 들어가 세탁소 곁을 지날 때 엔진 생각을 했으며, 축사 부근까지 갔을 때 그 아이디어가 내 마음속에 떠올랐다. 그리고 골프하우스까지 갔을 무렵에는 이미 내 마음속에 대충 정리가 되었다."

다음 날 아침, 그는 일찍 일어나 자신의 새로운 플랜을 실험해 보았다. 그것은 지극히 간단한 개량으로, 별도 용기를 실린더에 연결해 증기가 그 속에서 응결되도록 하는 것이었다. 이렇게 함으로써 실린더 자체를 냉각할 필요가 없어졌다. 증기를 응결하기 위한 용기, 즉 복수기(復水器, 콘덴서)를 부설한 덕에 엔진의 효율이 높아져 연료가 대폭 절약되었다.

와트와 주전자의 전설은 많이 알려져 있다. 이 전설이 처음 이야기된 것은 그 목격담이 있었던 때로부터 반 세기 정도 지나서였다. 이 전설에 의하면, 제임스 소년은 어느 날 밤, 숙모와 티테이블에 앉아 있었다. 그때 숙모가 말했다.

"와트야, 나는 너처럼 게으른 녀석을 보지 못했다. 책을 읽거나 어떤 유익한 일을 하거나 해야지. 지금까지 거의 한 시간 동안 한 마디도 하지 않고 그 주전자 뚜껑만 수없이 열고 닫으며, 찻잔과 은수저를 뜨거운 김에 쬐여 물방울을 만들어 그 방울 수를 세는 장난이나 치며 아까운 시간을 낭비한단 말이냐!"

다른 전설에 의하면, 그는 주전자 구멍을 막고 증기가 새어 나가지 못하게 했더니 주전자 뚜껑이 솟아올라 바닥에 떨어지는 것을 보게 되었다고 한다. 주전자 뚜껑과 증기의 힘 이야기가 와트와 뉴커먼, 우스터 후작 모두에게 등장하는 것은 주목할 만하다.

와트의 마력에 대한 정의

와트의 새로운 엔진은 그 이전의 설계에 비해 놀라울 정도로 성능이 향상되었다. 와트는 매슈 볼턴(Matthew Boulton, 1728~1809)이라는 사업가와 협력하게 되어 그들은 곧 증기기관을 제작하는 큰 공장을 세웠다. 두 사람은 유명인이 되어 볼턴은 국왕을 배알하는 명예를 얻었다. 그 자리에서 조지 3세는 볼턴에게 그가 무엇을 했냐고 질문했다. "폐하, 신은 어떤 물품의 생산에 종사하고 있습니다. 그 물품은 폐하께서도 크게 바라는 것이옵니다." "그래, 그게 무엇이란 말인가?"라고 국왕이 질문했다. "파워(power)입니다. 폐하."라고 볼턴은 대답했다. 파워는 동력을 이르지만 권력을 뜻하기도 한다.

물론 볼턴은 증기기관이 발명되기 전에는 말이 한 일에 필요한 파워를 말한 것이었다. 한편 그의 동업자인 와트로서 새로 발명한 엔진 성능을 일목요연하게 비교하는 방법은 그 엔진과 같은 일을 하는 데 필요한 말의 수로 비교하는 것이 적절하다고 생각했다. 와트는 이를 타고난 능력으로 수행했다. 우선 그는 어떤 맥주 양조회사로부터 런던에 있는 양조공장에서, 그곳에 있는 무거운 마차용 말을 몇 마리 사용해서 실험해도 좋다는 허가를 얻었다. 무게 100파운드의 추에 기다란 줄을 연결해서 깊은 우물의 바닥까지 떨구었다. 줄의 다른 쪽 끝은 우물 위에 설치된 활차(滑車)에 감았다.

이 줄에 말 한 마리를 매었다. 와트는 평균하면 말 한 마리는 평탄한 지면 위에서 추를 우물 위로 끌어올리면서 1시간에 2마일 반의 속도로 걷는다는 것을 확인했다. 다시 말하면, 말은 100 파운드의 추를 끌어올리면서 1시간에 2 마일 반, 즉 매분 220 피트 비율로 걸었다.

이러한 관계로 말은 100 파운드의 무게를 1분간에 220 피트의 높이로 들어올렸다. 수학적으로는 이것은 1파운드를 22,000 피트의 높이로 들어올린 것과 같다. 실험의 결과 와트가 사용한 말은 한 마리가 1분간에 '22,000 피트 파운드'의 일을 할 수 있다는 것을 증명했다. 그는 말이 추를 바로 직접 끌어올릴 수는 없다는 것을 알고 있었으므로 활차를 사용했는데, 활차는 마찰이 있으므로 운동을 다소간 지체시킬 수 있다는 것도 고려했다.

또 그는 실험에 사용한 말이 다른 말보다 힘이 약했을 가능성이 없다고는 할 수 없었고, 기타 사항들도 모두 고려해서 22,000에 50 퍼센트를 가산해 33,000으로 정했다. 따라서 1마력이란 매분 33,000 피트 · 파운드(1초당 550 피트 · 파운드)로 정해져, 이 정의는 지금까지도 적용되고 있다.

이렇게 하여 와트가 엔진을 구입하는 고객에게 이 엔진의 마력(馬力)은 얼마라고 하면, 고객은 그 엔진이 1마력마다 33,000 파운드를 1분간에 1피트의 높이로 끌어올릴 수 있다는 것을 와트가 보증한다는 뜻으로 받아들였다.

탱크의 개발과 비밀 유지

헛소문을 퍼뜨려 직원들도 속이고

예상을 크게 벗어난 전쟁 양상

제1차 세계대전은 1914년 여름, 독일군의 전격적인 진격으로 막이 올랐다. 맨 앞에 기병이 돌진하고 그 뒤를 보병이 최대한 빠른 속도로 따르는 양상으로 각 지점을 점령, 확보했다. 불과 며칠 만에 독일군은 벨기에와 북프랑스의 일부를 유린했다. 벨기에, 프랑스, 영국 군대는 버스, 말, 도보로 서둘러 전선으로 달려갔다. 군사 지도자들은 모두 이번 전쟁은 전광석화처럼 급진전될 것이라고 예상했지만, 그것은 개전 초기에만 그러했을 뿐 몇 개월이 지나지 않아 전쟁은 참호전으로 고착되었다. 따라서 대규모의 부대와 화포의 진격은 드물었다.

전쟁이 이러한 양상으로 전개될 것이라고는 어느 쪽도 예상하지 못했다. 그렇게 된 원인은 주로 기관총 — 이는 예상보다 훨씬 효과적이었다 — 과 가시가 돋친 유자(有刺) 철조망 때문이었다. 보병은 빈틈없이 유자 철조망이 가설된 지면에서는 전진하기 어려웠고 또 요소에 설치된 가공할 만한 기관총에 맞서 앞으로 나갈 수 없었다. 기병 역시 소용이 없었다. 왜냐하면 대포를 아무리 쏘아도 유자 철조망을 제거할 수 있는 면적은 거의 무시할 수 있을 정도로 작았기 때문이다.

이러한 관계로 전쟁이 침체 상태에 빠지는 것을 막기 위해 과학과 기술을 동원하게 되었다. 독일의 과학자는 독가스를 사용하기로 결정하고, 영국의 기술자는 탱크(tank)를 개발했다.

탱크를 계획하다

탱크를 만들기 위해서는 영국의 발명가들이 먼저 해결해야 할 문제들이 많았다. 참호와 참호 사이의 지면 — 무인지대 — 은 겨울이면 토사(土砂)와 내린 비로 인해 늪처럼 변했다. 게다가 떨어지는 포탄으로 진흙탕이 되었다. 가는 곳마다 포탄이 떨어져 생긴 웅덩이가 있었다. 탱크가 작전에 성공하기 위해서는 이 최악의 상태인 지면 위를 어려움 없이 신속하게 달릴 수 있는 것만으로는 부족했다. 즉, 넓은 참호 안으로 떨어지지 않고 타고 넘을 수 있는 능력이 필요했다. 독일 기관총을 침묵시킬 만큼의 병기도 장착해야만 했다. 그리고 내부의 병사를 지키기 위한 두꺼운 장갑(裝甲)도 필수적이었다.

시험 제작된 탱크는 대체로 이러한 요구들을 충족하는 것이었다. 그러나 여기에서 이야기하려는 것은 탱크 개발의 기밀을 유지하기 위한 방법을 소개하려는 것이므로 제조 방법에 관해서는 더 이상 언급하지 않도록 하겠다.

영국 정부는 1915년 6월에 '전선(前線)'의 교착 상태를 타개하기 위한 새로운 전쟁 무기를 제조하는 문제를 논의하기 위해 '전차양륙함위원회(Landship Committee)'라는 기구를 신설했다. 이 위원회는 최초의 탱크를 제작하기 위해 링컨(Lincoln)의 농업기술자 회사와 윌리엄 포스터 사(William Foster & Co.)의 도움을 받았다. 전쟁이 발발하기 전 이 회사는 차륜 대신에 무한궤도를 가진 트랙터를 만든 적이 있었다. 그 트랙터는 논두렁, 밭두렁 등 바퀴를 단 트랙터로는 넘을 수 없는 지면에서도 사용할 수 있도록 설계된 것이었다. 그러므로 포스터 사는 무인지대의 거친 지면을 능히 달릴 수 있는 전쟁 무기를 만들기 위해서는 충분한 경험을 가지고 있었다.

탱크를 개발하기 위한 과업은 신속하게 진행되어, 1915년 9월에는 실물 크기의 나무 모형이 만들어져 전차양륙함위원회의 멤버가 와서 점검하기를 기다렸다. 그러나 점검이 실시되기 전에 설계자들은 개선의 필요성을 느껴 새로운 모형이 만들어졌다. 그것은 처음 '빅 윌리(Big Willie)'로 명명되었으나 시험을 통과한 후에는 '마더(Mother: 어머니)로 개칭되었다.

탱크가 전장에 모습을 나타낼 때까지 비밀로 덮어 두기 위해 많은 노력이 기울어졌다. 이 비밀 유지 운동의 선창자의 한 사람이 바로 윈스턴 처칠(Winston Churchill, 1874~1965; 후에 영국 수상)이었다. 1915년 2월, 당시 해군대신이었던 처칠은 '전차양륙함(landship)'을 만드는 계획에 흥미를 갖게 되었다. 전차양륙함은 일종의 배라고는 하지만 해군성과는 아무런 관련도 없었다. 하지만 있고 없고는 처칠이 전차양륙함위원회 신설을 반대할 구실이 되지 않았다. 또 필요한 실험을 시작하기 위해 국고에서 약 7만 파운드를 지출하는 법안에도 반대하지 않았다. 하지만 그는 이 행위가 전혀 이례적이란 것을 알고 있었으므로 만약 알려진다면 크게 비난을 받을 것이라고 생각했기 때문에 사안을 비밀에 부쳤다.

비밀 유지를 위해 거짓 정보를 유출하다

포스터 사는 비밀을 유지하기 위해 어떠한 수단을 강구할 수 있는지 검토하기 바란다는 부탁을 받았다. 당국은 낯선 사람의 공장 출입을 막기 위해 보초를 세우자고 제안하고, 또 만약 회사가 희망한다면 탱크가 완성될 때까지 이 사업에 관련되는 모든 사원이 함께 생활하도록 강제하는 명령을 내릴 수도 있다고 했다.

기술자들의 의견은 달랐다. 보초를 세우거나 격리 구역을 설치하는 것은 그야말로 '여기 비밀이 있소' 하고 나팔을 불어 오히려 사람들에게 알리는 꼴이 되니 바람직하지 않다고 했다. 그 대신 기술자들은 그 기계의 용도를 전혀 다른 것으로 설명하는 것이 좋을 것이라고 제안했다. 당국은 처음 다소 주저했으나 결국 그 방법을 채택했다.

이 정책을 신중하게 수행하기 위해 포스터 사의 전무(專務)는 공장에서 무엇인가 중요한 것을 만들고 있는 듯하다는 낌새를 느낄 만한 조치는 무엇 하나도 하지 않고 공장 현장에서 번지는 많은 소문을 굳이 변명하려고도 하지 않았다. 한 술 더 떠 그는 엉뚱한 소문이 돌도록 노력했다. 특히 사장이 머리가 돌았는지 공연한 생각에 들떠 있다는 소문을 유포시키기도 했다.

사장인 윌리엄 트리튼(William Tritton; 윌리엄 경)은 제도주임(製圖主任)인 윌리엄 릭비(William Rigby)보다 키가 작았다. 그래서 직원들은 그를 조롱해 최초의 모형을 '리틀 윌리(Little Willie)'라 부르고 두 번째 모형을 '빅 윌리(Big Willie)'라고 불렀지만(윌리는 윌리엄의 애칭이지만 '오싹 소름이 끼치는 기분'이라는 뜻도 있다) 누구 한 사람도 막으려고 하지 않았다. 이 별명은 직원들에게 재미를 제공했을 뿐만 아니라 그 기묘한 기계를 조롱하고 비웃게 하는 효과를 낳았다. 자신들이 비웃는 제품이 매우 중요한 무기라고 생각하는 사람은 전혀 없었다.

기계의 형체가 모습을 드러냄에 따라 장차 그것이 무엇에 쓰여지는가에 대해 새로운 소문이 떠돌기 시작했다. 예를 들면, 전차양륙함의 동체를 그린 도면은 모두 제도주임이 '메소

포타미아로 가는 물을 나르는 기계'란 상표를 붙였다. 그러나 노동자들은 그런 긴 이름은 성가시니까 간단히 부르기 좋게 수조(水槽)를 의미하는 '탱크'라고 불렀다.

시일이 더 지나자, 사람들을 속이는 새로운 아이디어가 쓰였다. 완성된 탱크가 공장에서 출고되자, 공장 가까이의 공터에 배열하고 번호를 매겨 레테르가 붙여졌다. 그러나 가장 먼저 만들어진 탱크에는 700이라는 번호가 붙고 또 어떤 탱크에는 '취급주의, 페트로그라드(Petrograd)행'이라는 러시아어를 폭 12인치나 되는 큰 글자로 쓴 레테르가 붙여졌다. 그 회사 전무의 말에 의하면 "고개를 갸우뚱하는 녀석은 다소 있었지만 러시아어를 아는 녀석은 거의 없었다"고 했다.

탱크의 실험

1916년 1월, 최초의 대규모 실험을 할 준비가 갖추어지고, 탱크는 철도를 이용해 햇필드 하우스(Hatfield House)로 수송되었다. 탱크는 타르(tar)를 칠한 방수포(防水布)로 엄중하게 가리고 어둠 속을 달려 한밤중에 도착하도록 기차 시간이 짜여졌다. 기차에 적재할 때와 하역할 때 모두 극도의 비밀이 유지되었다. 실험장(골프 코스)으로 통하는 모든 도로는 폐쇄되고 보초가 배치되었다.

시험장에는 육군참모부의 인사들과 프랑스의 더글러스 헤

이그(Douglas Haig, 1861~1928) 장군(서부전선의 영국 원정군 총사령관)의 사령부에서 파견된 대표자 한 명이 입회했다. 실험은 성공했고, 그 결과 다수의 기계를 주문받게 되었다.

가끔 소수의 중요한 방문자가 '시험용 탱크'에 탑승하는 것이 허용되었다. 어느 날, 한 방문자가 조종사 뒤 좌석에 탑승했다. 조종사는 링컨의 농업기술자 회사에서 파견된 신뢰할 수 있는 노무자였으므로 포스터 사의 기계 운전에는 익숙한 편이었다. 조종석 전면에는 공간이 거의 없고(아직 푸시 버튼 조종 시대는 아니었으므로) 조종사는 엔진을 조작하기 위해 크고 무거운 지레를 당겨야만 했다. 그 방문자는 크게 흥미를 느낀듯, 몸을 앞으로 굽혀 조종사에게 바짝 붙을 정도가 되었다. 참다못한 조종사는 더 이상 견디지 못하고 낯선 방문객을 뒤돌아보며 화난 목소리로 소리쳤다.

"제발 그만 해요, 장소를 다 당신이 차지할 생각이요? 뒤로 물러나 얌전히 있구려!"

방문자는 즉시 물러났지만 그 후 오래도록 이 조종사를 매우 즐겁게 기억했다. 조종사의 꾸중을 듣고 물러난 방문객은 바로 영국의 국왕인 조지 5세 폐하였다.

드디어 전장에 등장한 탱크

드디어 병사들이 이 비밀전쟁 무기의 사용을 훈련할 시기가 왔다. 최초의 몇 주간은 병사들도 그 용도를 몰랐지만 비밀이 밝혀지고부터는 훈련 캠프가 엄중하게 호위되었다. 기병 순찰이 배치되고, 그 내부에 6중의 보초선이 마련되었다. 이어서 3개월 간의 비밀 훈련이 실시되고 8월 말에는 병사와 탱크 모두 프랑스로 건너갔다.

그들은 프랑스에 도착해서 3주도 지나지 않아 실전에 배치되었다. 영국 서부전선의 총사령관인 더글러스 헤이그는 사용 가능한 탱크 모두를 솜 전투(Battle of the Somme)에 출전시키기로 결정했다. 그리하여 1916년 9월 15일 새벽, 32량의 탱크가 독일 전선과 플레르(Flers) 마을을 향해 진격을 개시했다.

탱크의 공격은 대성공이었다. 마을을 점령하고 독일 전선을 크게 돌파할 수 있었다. 그러나 후속 지원부대가 부족했기 때문에 적진으로 깊이 들어가지 못하고, 결국 최종적인 전과로는 황폐한 마을을 점령했을 뿐이었다. 헤이그 사령관은 지급(至急) 보고에서 다음과 같이 적었다.

"오늘 탱크는 보병과 협력해서 성공을 거두었다. 적군을 경악시키고, 그들의 저항을 격파하는 귀중한 힘이 되었다. 탱크는 적의 전선을 형용할 수 없을 만큼 의기소침하게 만들었다."

하지만 국지적인 성공을 제외한다면 이 탱크가 최초의 행동에서 거둔 전과는 거의 전무함에 가까웠다. 고도의 비밀 무기를 이런 보람없는 전투에 사용했다는 비판을 감수해야 했다. 후에 영국 수상 데이비드 로이드 조지(David Lloyd George,

탱크의 기습은 성공했다.

1863~1945)는 다음과 같이 기록했다.

"1916년 9월, 비교적 국부적인 작전에 이 무기를 최초로 참
전시킨 것은 굉장히 바보스러울 만큼 큰 실책이었다. 많은 사
람이 수백 량이 만들어질 때까지 전쟁에 참가시키지 않으려고
노력했지만 결론은 '헤이그가 그것을 바란다'는 것이었다. 그
때문에 이 위대한 비밀은 점령할 가치도 없는 솜이라는 작은
마을의 폐허와 맞바꿔 팔리고 말았다."

그러나 이 무기의 비밀은 그리 오래 유지할 수 없었을 것이
라는 주장도 있었다.

"9월 19일보다 이전에 독일군 진영에서는 적이 기습을 준비
하고 있다는 것을 어렴풋이 느끼고 있었다. 그 전투에서 잡힌
포로가 이야기한 바에 의하면, 독일의 제1선 부대는 15일 이전

에 어떤 장갑차가 자신들을 상대로 사용될 것이라는 경고를 받았다고 했다. 또 14일 오전에는 위장하고 대기하는 탱크의 존재가 계류기구(繫留氣球) 또는 항공기에 의해서 발견되었으며, 불원간 공격해 올 가능성을 예견했다고 했다. 그러나 독일군이 무엇을 눈치챘다 할지라도 그것은 이미 최후의 단계였다. 또 경고가 있었다손 치더라도 그것은 매우 막연한 성격의 것이었으므로 오히려 부대에 불안을 증대시켜 공격 효과를 높이는 결과를 초래했을지도 모른다. 모든 측면에서 그것은 허를 찌른 것이다."

처칠은 그 후에 다음과 같이 주석을 달았다. "영국군의 불찰로 비밀이 누설되었음에도 불구하고 독일 육군성은 그것에 거의 대비하지 않았다. 그러므로 1년 지난 1917년 11월 20일 캉브레(Cambrai)에서 영국군이 탱크를 사용해 공격했을 때 독일군은 완전히 허를 찔렸다." 그 탱크부대의 역사를 쓴 루이스 풀러(Lewis B. Puller) 대령에 의하면, 그날 '탱크부대 참모부의 뇌리를 벗어나지 않았던 한 계획'이 실험되었다. 그 작전에서는 기습이 주된 전술이었다. 500량의 탱크가 "공격의 포문을 열 예정이었다. 탱크가 실제로 나서기까지 영국 포병은 단 한 발도 발사하지 않고 조준 사격을 위한 예비 사격도 하지 않았다."

"그 공격은 예상 이상의 큰 성공"이었다고 풀러 대령은 부언했다. 탱크가 보병의 선두에서 전진함에 따라 적은 완전히 질서를 잃고 경황 없이 전장에서 도주했다. 도주하지 못한 병사는 대부분 아무런 저항도 없이 항복했다. 11월 20일 오후 4

시까지 역사상 가장 놀랄 만한 전과를 쟁취했다. 짧은 낮 하루 사이에 독일의 참호 시스템이 폭 6마일에 걸쳐 완전 돌파되고 1만 명의 포로와 200문의 대포가 노획되었다.

영국병의 손실은 1,500명 이하였다. 서부전선 전체를 통해서 연합군의 단 일격으로 이 캉브레 전투 이상의 전과를 올린 예는 전무후무할 듯하다.

최초의 기습을 둘러싼 비판

이 전투와 그 후 몇 차례의 전투는 일부 전쟁 지도자와 많은 정치인에게 탱크는 온갖 신무기 중에서도 가장 성공적인 것의 하나임을 인식시켰다. 그리하여 전쟁도 끝날 무렵이 가까워지자 영국군 총사령부가 그러한 비밀의 전쟁 무기를 처음 사용했을 때 기대할 수 있는 큰 기습 효과를 좀 더 효과적으로 이용하지 못했다는 날카로운 비난이 광범위하게 제기되었다. 이미 언급한 바와 같이 로이드 조지도 그러한 비난에 가세한 한 사람이었다. 그 외에도 다른 세 사람의 유명한 전사가(戰史家)인 윈스턴 처칠, 어네스트 스윈튼(Ernest Dunlop Swinton, 1868~1951) 대령, '공식 전사 기록자'도 마찬가지였다.

거의 반세기 정도 지나 더글러스 헤이그 경의 전기를 쓴 저술가는 이 비난에 대해 반박을 가했다. 그는 헤이그의 1916년 4월 일기를 인용해서 "헤이그 장군 자신은 탱크의 최초의 출현이 몰고올 경악을 이용하고 싶었지만 부하 장군 몇 사람이 탱크를 가공할 무기라고 생각하지 않는다는 것을 알고 있었기 때문에 굳이 사용하지 않았다고 한다. 그러나 가장 중요한 이유는, 헤이그의 솜 작전계획은 그 싸움이 '연합군의 대승리'로 귀착되어 전쟁을 종결시키게 될 것이라는 확신을 기초로 한 것이었다. 그러므로 헤이그는 그것이 탱크를 실전 상태에서 테스트할 최후의 기회라 믿었기 때문에 탱크를 투입한 것이라고 했다."

물리에 관한 에피소드

군사기술자 아르키메데스
강력한 로마군도 그의 앞에서는 무기력

아르키메데스 기계의 위력

아르키메데스(Archimedes, BC 287~ BC 212)는 시칠리아 섬의 그리스 도시국가인 시라쿠사(Siracusa)에서 태어났다. 고대의 시라쿠사 항은 독자의 왕과 군대를 보유한 번성한 중요 도시였다.

아르키메데스

기원전 214년 시라쿠사 왕은 카르타고(Carthago)*와 손을 잡았다.

---

* 카르타고는 새로운 도시라는 뜻으로, 한때 인구 70만에 이르는 고대 도시 로서, 그 지배지는 아프리카 북해안까지 이르고 지중해 대부분의 섬과 스

그래서 로마인은 카르타고가 시라쿠사를 기지로 사용하는 것을 막기 위해 유능한 마르켈루스(Marcus Claudius Marcellus) 장군을 파견해 시라쿠사를 점령하려고 시도했다. 그러나 시라쿠사의 왕 히에론 2세(Hieron Ⅱ, BC 308~BC 215)는 이미 로마의 공격을 예상하고 친구이며 친척인 아르키메데스를 군사 기술의 책임자로 임명해 시 전체를 요새화하기 시작했다.

아르키메데스가 그 책임자로 임명된 것은 역학에 관한 조예가 깊었기 때문이다. 그는 지레, 활차, 기타 많은 기계를 설계했었다. 아르키메데스는 다음과 같은 말을 한 적도 있다.

> "나에게 발판이 되는 별도의 장소와 충분히 긴 지레를 준다면 지구를 움직여 보이겠다."

왕은 그런 기계에 관한 소문을 듣고, 아르키메데스에게 그 기계를 사용해 무엇을 할 수 있는지 실연해 보라고 명령했다. 그러자 아르키메데스는 증명 실험으로, 왕복 활차 1개와 돛대(mast)가 3개인 배 한 척을 준비시켰다.

그는 긴 밧줄을 왕복 활차에 감은 다음, 밧줄의 한쪽 끝을 배에 묶고 다른 한쪽은 직접 손에 잡고 배에서 멀리 떨어진 모래밭에 가서 앉았다. 그리고는 많은 사람이 지켜보는 가운데 밧줄을 당겼다. 배는 마치 바다 위에서 돛에 밀려 움직이듯이 아르키메데스를 향해 끌려왔다고 한다.

페인의 한 식민지에까지 미쳤다. 기원전 264년부터 이 도시는 지중해의 패권을 둘러싸고 로마와 싸워 3회에 걸친 포에니전쟁(Punic Wars)을 치렀다.

구경하는 사람들은 모두 놀랐다. 그도 그럴 것이 모두를 활차의 기능을 처음 보았기 때문이다. 많은 사람이 달려들어도 쉽지 않은 일을 혼자의 힘으로 큰 배를 당기다니, 놀랄 것은 당연했다.

왕은 즉석에서 아르키메데스가 지닌 기술의 가치를 인정하고, 공격용과 도시 방어용의 전쟁 기계를 많이 만들도록 지시했다. 그는 그 지시에 따르기는 했지만 그런 기계들을 만드는 것이 중요한 일이라고는 생각하지 않고 '기하학자가 즐기는 휴일의 스포츠에 불과하다'고 생각했다고 한다.

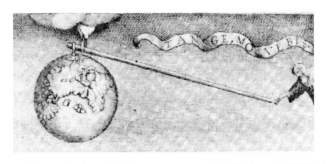

지구를 움직인다. 이 그림에는 'Tange, movebis'(거기를 누르면 움직일 수 있을 것이다)라는 글자가 보인다(17세기의 책 삽화(Harvard Univ. Lib)에서).

로마군을 맞아 싸우다

시라쿠사는 긴 해안선을 갖는 반도에 있었다. 로마의 장군 마르켈루스는 육상과 해상 양면에서 동시에 공격을 가해 왔다. 하지만 그는 불행하게도 '아르키메데스의 비상한 수완'을 염두에 두지 않았고, 또 한 인간의 정신이 때로는 많은 인력(人力)을 물리칠 수 있다는 것을 미처 생각하지 못했다. 이 진리는 곧 현실로 나타났다.

사라쿠사의 병사들은 평소에 전쟁 기계를 다루는 법을 충분히 익혀 놓았다. 그들은 마르켈루스군에게 작은 돌, 큰 돌, 기타 온갖 투척 무기를 소나기처럼 퍼부어 큰 혼란에 빠뜨렸고, 수많은 적군이 쓰러져 죽었다.

어떤 기계는 발사 때 굉음이 울렸으므로 적은 크게 두려움을 느꼈고, 후에 아르키메데스가 화약을 발명해서 이용했다는 전설이 생겼다. 그 굉음은 아마도 큰 돌덩어리를 집어던질 때 강력한 용수철이나 지레에서 발생한 소리였을 것이다. 이처럼 각종 기계들이 효과적으로 작동했기 때문에 마르켈루스는 육상에서의 공격을 중단할 수밖에 없었다.

한편, 해상을 통해 공격한 로마군 병사들도 마찬가지로 거친 저항에 부딪쳤다. 아르키메데스는 물에 떠서 움직이는 거대한 둥근 나무처럼, 길고 무거운 나무기둥 양쪽 끝을 높은 곳에 매단 기계를 발명했다. 이 기계는 항구 암벽의 출입구 가까이에 거치되어 있었다. 적선이 이 기계 가까이로 접근하면 병사가 기계로 다가가 매달려 있는 거대한 기둥을 수차례 밀고 당겨 충분한 힘이 붙으면 갑자기 출입구를 열어 진동하는 기둥으로 적선의 옆구리를 후려쳤다. 물론 배는 산산이 부서졌다.

또 하나의 기계는 암벽 꼭대기에 축을 세우고, 그 위에 들보를 올려 시소처럼 균형을 맞춘 것으로, 들보의 절반은 암벽을 넘어 바다 쪽으로 돌출되어 있었다. 들보의 아군 쪽 끝에는 밧줄을 매고, 바다 쪽으로 뻗은 들보 끝에는 큰 쇠갈퀴가 붙어 있었다.

절호의 기회가 오면 안벽 안쪽에 있는 병사가 들보에 매단 줄을 당겨, 자기 쪽 들보 끝은 올리고 해안 쪽 들보 끝은 내려서 쇠갈퀴로 적선을 잡아챘다. 그리고는 높이 들어올렸다. 갈퀴를 거두면 배가 바다로 던져졌다. 한 고대의 저술가는 그때의 광경을 다음과 같이 묘사했다.

"배가 해면을 벗어나 공중 높이 들어올려지고, 상하 좌우로 크게 흔들려 승무원은 한 사람도 남김없이 바다로 떨어졌다. 그 떨어진 병사들을 향해 투석기(投石器)에서 돌이 날아오는 광경을 여러 번 목격했다. 텅 빈 배는 안벽(岸壁)에 부딪쳐 부서지거나 갈퀴에서 벗어나 높은 공중에서 바다로 떨어졌다."

로마군은 공포 속에 퇴각하다

안벽을 넘어 침입을 강행하기 위해 마르켈루스가 사용한 것은 '산브카'라는 기계였다. 그것은 긴 사다리 꼭대기에 판자를 붙인 것이었다. 작은 배를 여러 척 나란히 세우고, 그 위에 발판을 깔아 산브카를 올려놓도록 되어 있었다. 그러므로 포위

된 시라쿠사 시의 암벽에 닿을 정도로까지 다가갈 수 있었다.

안벽에 접근하면 산브카를 거의 수직으로 세워 안벽에 닿도록 했다. 그러면 소수의 병사들이 사다리를 타고 올라가 꼭대기의 판자에 선다. 판자 위에는 작은 상륙용 발판이 있어, 그것을 밀어내어 안벽 위에 걸쳐 놓았다. 이렇게 다리가 만들어지면 다른 병사들이 배에서 사다리를 타고 올라와, 상륙용 발판을 넘어 적진으로 돌진한다는 속셈이었다.

아르키메데스는 이 산브카의 기능을 이미 잘 파악하고 있었

아르키메데스의 거대한 투석기(catapult)

다. 그러므로 그것을 실은 16척의 배가 그의 거대한 투석기(投石器, catapult)의 사정권 안으로 들어올 때까지 발사를 참았다. 일설에 의하면, 이 투석기는 약 반 톤 무게의 돌을 던질 수 있었다고 한다. 산브카가 충분히 접근했을 때 병사들은 투석기를 발사했다. 돌은 천둥소리처럼 울리며 떨어져 산브카를 싣는 발판을 부수고, 그것을 받치고 있던 배에 큰 구멍을 뚫었다. 그러므로 바다로부터의 공격도 육지에서의 공격과 마찬가지로 의도대로 되지 않았다.

마르켈루스는 날이 밝기 전에 바다로부터의 공격을 다시 시작했다. 이번에는 적이 눈치 채지 않도록 병사들을 안벽 바로 밑까지 전진시키려 했다. 하지만 아르키메데스는 이 계략마저 예상하고 있었다. 그의 병사들은 많은 로마 병사가 그들의 계획대로 안벽 밑에 모일 때까지 숨소리조차 죽여가며 대기했다.

기회가 왔다. 아르키메데스의 새로운 투석기가 우박이 쏟아지듯 돌덩이를 날려 로마 병사들의 머리를 때렸다. 로마군은 큰 손실을 견디지 못하고 혼란 속에 퇴각했다. 그들은 자신들이 싸우고 있는 상대는 사람이 아니라 신이라고 여겼다.

마르켈루스는 병사들의 사기를 진작시키기 위해 다음과 같이 말했다.

"저 기하학자란 놈은 해안에 느긋이 앉아 우리 배들을 뒤집어엎고 놀면서 우리에게 영원히 씻을 수 없는 치욕을 안겼다.

또 그토록 많은 무기를 한꺼번에 우리에게 퍼부은 점에서 옛이야기에 등장하는 백 개의 손을 가진 거인에 못지않다. 우리가 그 사나이에게 순순히 굴복해서야 되겠는가?"

그러나 일반 병사들은 아직도 공포에 사로잡힌 채 밧줄과 들보가 안벽을 지나 바다 쪽으로 뻗어 나오는 것만 보고도 "저 것 봐! 아르키메데스가 또 새로운 기계를 갖고 왔어!"라고 소리치며 피신했다.

태양광선으로 배를 태우다

한편 12세기의 저술가 L. J. 쉐체스에 의하면 아르키메데스가 발명한 다른 기계는 시(市)에서 다소 떨어진 외해(外海)에 떠 있는 배에 공격을 가했다. 이 무기는 나무틀 속에 다수의 거울을 장치한 것으로, 태양광선이 거울에 부딪치면 반사해 원래의 방향으로 되반사되는 원리를 응용한 것이었다. 즉, 아르키메데스는 큰 평면경을 가운데 두고, 그 주위에 여러 개의 작은 거울을 장치해 경첩의 조작으로 원하는대로 작동시킨 것으로 믿어진다.

큰 거울은 나무로 만든 적선 한 척을 향해 반사될 만한 위치에 놓는다. 그리고는 작은 거울 하나하나를 조작해, 반사한 태양광선이 모두 한곳으로 집중되도록 했다. 이렇게 해서 모든 거울이 반사하는 빛과 열이 한곳으로 집중되므로 '안벽(岸

壁)에서 화살이 도달할 수 있는 범위(300미터 전후)'에 있는 목선이라면 충분히 불태울 수 있었다.

시라쿠사의 함락과 아르키메데스의 죽음

이와 같은 신기한 전쟁 기계들은 모두 발명자의 의도대로 잘 기능했다. 시라쿠사에 대한 처음 공격은 실패로 끝났다. 마르켈루스는 공격군을 후퇴시켰지만 싸움을 단념한 것은 아니었다. 이토록 수비가 견고한 도시는 직접 맞붙어 싸우기보다는 주위를 포위하고 어떠한 물자도 반입하지 못하도록 막아버리는 봉쇄 작전을 펴기로 전술을 바꾸었다.

약 3년 동안 봉쇄를 계속한 후에 드디어 그는 이 도시를 다시 한번 공격하기로 결심했다. 이 시점에 이르러서도 역시 정면 공격은 계획하지 않았다. 아직도 아르키메데스의 무기가 두려웠기 때문이다. 그래서 직접적인 공격 대신 시민 중에 배신자를 물색했다.

마르겔루스는 로마군과 내통하는 소수의 시민을 확보하는 데 성공했다. 어느 날 밤, 이들 배신자는 은밀하게 로마 병사 몇 사람을 안벽 내부로 끌어들였다. 시라쿠사 사람들은 오랜 포위 생활 탓에 감시가 느슨해져 단기간의 야만적인 공격에 속절없이 함락되었다. 이때가 기원전 212년이었다.

그 무렵의 관례대로, 군의 지휘관들은 승리에 도취한 병사

아르키메데스의 죽음

들에게 약탈을 허용했으나 마르켈루스만은 병사들에게 중요한 시민의 생명을 보호하라고 명령했다고 한다. 하지만 그러한 엄한 명령에도 불구하고 로마 병사들은 많은 저명한 사라쿠사 시민들을 참살했다. 불행하게도 참살당한 사람들 중에는 아르키메데스도 포함되었다.

아르키메데스에 죽음에 관해서는 몇 가지 전설이 있다. 그 하나에 의하면, 아르키메데스는 해안가 모래 위에 기하도형을 그려놓고 연구에 정신을 쏟았기 때문에 로마인의 습격과 시의 함락도 알지 못했다. 그러한 아르키메데스 앞에 돌연 로마 병사 한 사람이 나타나 마르켈루스에게로 가자고 했다. 그러나 그는 이 문제를 풀기 전에는 움직일 수 없다고 하여, 노한 병사가 칼을 뽑아 그를 죽였다고 한다.

다른 전설에 의하면, 이 로마 병사는 처음부터 아르키메데스를 죽일 목적으로 검을 휘두르며 달려갔다. 그러자 아르키메데스는 자신의 정리(定理)를 완전한 것으로 마무리할 때까지 기다려 달라고 했다. 그러나 병사는 그 부탁을 걷어차고 바로 그를 죽였다고 한다.

또 하나의 다른 설도 있다. 아르키메데스는 해시계와 망원경이 발명되기 전에 사용된 천체 관측기인 사분의(四分儀), 기타 수학 도구를 넣은 상자를 끼고 걸어가고 있었다. 그때 마주친 어떤 병사가 상자 속에 금이라도 들어 있을 것이라 믿고 그것을 빼앗기 위해 죽였다고 한다.

아르키메데스가 어떤 상황에서 죽었는지는 알 수 없지만 마르켈루스가 그의 죽음을 듣고 매우 비통해 했다는 점은 모두 일치했다.

자석에 관한 전설들

양치기가 자석의 성질을 발견했다는 설도

공중에 뜬 마호메트의 관

예언자 마호메트*는 아라비아인 부모로부터 태어나 당시의 습관대로 소년 시절 양과 낙타를 돌보며 성장했다.

자라남에 따라 그는 점차 신을 믿기 시작했다. 40세가 되었을 무렵의 어느 날, 그는 환영(幻影)을 보고, 천사 가브리엘이 그에게 '세상에 나가' 사람들에게 살아 계신 신에 대해 가르치라고 명령하는 꿈을 꾸었다. 그는 바로 꿈의 명령대로 활동하기 시작했다. 처음에는 따르는 신도들이 많지 않았으나 죽기

---

* 마호메트(Mahomet, 570~632)는 이슬람의 개조(開祖)로 40세경에 계시를 받아 유일신 알라에 대한 숭배를 가르치기 시작했으며, 정치적 수완을 발휘해 전 아라비아를 통일했다. 마호메트는 무하마드(Muhammad)의 영어식 이름이다.

직전에는 몇십만에 이르고, 그 신도들은 마호메트 교도 또는 회교도 등으로 불리게 되었다. 메소포타미아 지방에 거주하는 아라비아인(사라센인이라 불렀다) 외에도 멀리 인도와 북아프리카에 사는 사람들까지도 회교를 믿었다.

마호메트는 신은 오직 하나뿐이라고 설교했다. 신을 믿는 사람들에게는 자애로운 아버지이지만 믿지 않는 자에 대해서는 잔혹한 폭군이었다. 그의 신앙은 다음의 격언으로 요약된다. "알라(Alláh) 외에 신은 없으며, 마호메트는 그의 예언자이다." 그는 신도들에게 신앙을 바꾸라고 명령해도 끝내 따르지 않는 불신자는 모두 용서 없이 죽여 버리라고 명령했다.

이 유명한 인물을 둘러싸고 많은 전설이 생겨났다. 다음의 전설은 15세기 이탈리아의 저술가가 이야기한 것으로, 그후 수백 년에 걸쳐 믿어져 왔다

"마호메트가 죽은 뒤 사라센인은 유체를 페르시아(Persia: 이란의 옛 이름)의 어느 한 마을로 옮겨 철제 관에 모셨다. 관은 아무런 받침이 없음에도 공중에 떠 있었다. 실은, 그것은 자석의 인력(引力)으로 공중에 떠 있었던 것이지만 자석의 성질을 알지 못했던 사람들은 기적이라고 믿었다."

자석 발견의 전설

여기서 말하는 자석의 성질이란, 쇠를 끌어당기는 것을 이

른다. 천연 자석은 검은 철의 산화물을 주성분으로 하는 암석(자철광)이다. 그것은 여러 지방에 천연으로 존재하며 가끔은 작은 덩어리가 노두(露頭, outcrop)로서 지면 위에 나타난 것이 발견되기도 한다.

고대 로마의 문인이자 정치가인 플리니우스(Gaius Plinius Caecilius Secundus)는 마그네스라는 이름의 양치기가 자석의 자기적 성질을 발견했다는 이야기를 전하고 있다. 마그네스는 소아시아에 있는 이다 산(Ida Mt.)의 경사면에서 양을 따라 걷고 있었다. 어느 날, 그는 우연히 지면 위에 머리를 내밀고 있는 검은 바위를 밟게 되었다. 깜짝 놀란 것은, 그의 신발에 박은 쇠못과 지팡이 끝에 박은 쇠창이 바위에 붙어 버렸기 때문이다. 그래서 그 돌은 마그네스석(후에 마그넷)이라 부르게 되었다.

비슷한 이야기는 이 밖에도 몇 가지 있지만 지금에 와서 보면 머리도 꼬리도 없는 지어낸 이야기인 것 같다. 하지만 자석의 자기적 성질이 이와 같은 우연한 기회에 발견되었다는 것은 충분히 음미할 가치가 있다. 이와 같은 전설 중의 하나에서는 발견 장소를 소아시아의 고대국가인 마그네시아의 구릉지였다고 했다. 이 마그네시아로부터 자석에 마그넷(magnet)이라는 이름이 붙었다고 한다.

자석을 나침반(compass)으로 사용하는 것도 오랜 옛날부터 알려져 있었다. 자석의 작은 침(자침)을 공중에 매달아 정지시키면 남북 방향을 가리킨다. 몇 세기 전의 여행자들은 이것을 이용해 방위(方位)를 정했다. 그래서 영국에서는 자석을 로드스톤(loadstone)이라고도 하는데, 로드는 방향을 뜻하는 고대 영어에서 유래한다고 한다.

자석의 이러한 성질을 기원전 3000년경 중국인들은 이미 알고 있었다고 한다. 중국의 뱃사람들은 이것을 항해에 응용했다는 것이다.

마호메트 묘의 진상(眞相)

마호메트가 죽은 후 여러 세기에 걸쳐 많은 기독교도는 마호메트의 묘를 설계한 회교의 건축가가 납골당 천장과 바닥에 자석을 매설해서 그 힘으로 관을 끌어올렸다고 믿었다. 자석이 매우 교묘하게 매설되어 있기 때문에 철제 관은 납골당 천장과 바닥 중간에 알맞게 붕 떠서 움직이지 않는 것이라고 했다.

그러나 기독교도들에게는 이 설의 진위를 확인하는 것이 쉽지 않았다. 왜냐하면, 회교도는 그들의 땅을 방문하는 사람들을 딱 부러지게 다루었기 때문이다. 불신자(不信者: 믿지 않는 사람들)를 자기들 종교로 개종시키기 위해 잠시도 감시의 눈길을 놓지 않았다. 불신자가 잡히면 빠짐없이 개종하거나 아니면 죽임을 당하거나 둘 중의 하나였다. 그 사람이 신앙을 바꾸기로 동의한다면 생명은 보존되지만 회교의 땅에 거주해야 하며, 결코 고향에 돌아갈 수 없었다. 그러므로 기독교도로서 마호메트의 장지(葬地)인 메디나(Medina)를 방문했다가 다시 유럽으로 돌아온 사람은 거의 없었다.

그러나 1513년에 어렵게 탈출에 성공한 한 이탈리아인이 메디나와 예언자의 묘에 관해 쓴 기록이 있다. 그는 '마호메트의 방주, 즉 묘'를 보았는데 관은 공중에 떠 있지 않았다고 했다.

훨씬 더 후에 영국의 청년 '엑슨의 조스 피시'가 해적에게 잡혀 노예가 된 후 회교도가 되라는 강요를 받았다. 오랜 감금 생활 끝에 그도 겨우 탈출해서 메디나에 관한 이야기를 썼다. 그 일부를 소개하면 다음과 같다.

> "일부 사람들은 마호메트의 관이 자석의 인력에 의해서 모스크의 천장에 매달려 있다고 한다. 그러나 내 말을 믿기 바란다. 그것은 틀린 말이다. 내가 놋쇠로 된 출입구를 지나면서 보았을 때, 묘를 가리고 있는 커튼의 꼭대기가 보였다. 그 커튼은 바닥에서 천장까지의 중간까지도 이르지 못했으며, 커튼과 천장 사이 공간에는 아무것도 매달려 있지 않았다."

그러나 1737년까지도 아직 많은 사람이 공중 부양설을 믿고 있었다. 그해, 어떤 박식한 저술가는 "회교도는 기독교도들이 이 허무맹랑한 이야기를 사실인 양 믿고 있다는 이야기를 듣는다면 배꼽을 움켜잡고 웃을 것"이라고 했다.

오늘날에 이르러서는 마호메트 묘에 대해 아무런 의문도 남아 있지 않다. 다음 설명이 진실인 것으로 일반은 알고 있다.

> "마호메트는 죽기 조금 전에 예언자는 누구든 모두 죽으면

죽은 그 장소에 묻어야 한다는 의견을 표명했다. 이 유언은 글자 그대로 실행되었다. 마호메트의 묘는 아이샤(마호메트의 아내)의 집 안, 그가 숨을 거둔 그 침대 아래에 마련되었기 때문이다.

그 후에 넓은 성당을 짓고 묘를 그 안에 모셨다. 묘는 호화로운 방벽으로 둘러싸였고, 약 6인치 사방의 작은 창을 통하지 않고서는 내부를 들여다볼 수 없다. 바깥쪽에는 쇠로 된 난간을 둘러 녹색으로 칠하고, 금·은으로 세공했으며 놋쇠에 금도금한 철망을 둘렀다. 이 신성한 철망 위에 금도금한 공(球)과 초승달을 올려놓은 높은 돔이 솟아 있다. 메디나에 다가가는 순례자들은 이 돔을 처음 목격했을 때 허리를 깊이 굽혀 기도문을 외우며 예언자의 묘에 절을 한다."

자석으로 물체가 공중에 뜨는가

자석을 사용해 쇠붙이를 공중에 뜨게 한다는 생각은 매우 오래전부터 존재했었다. 실제로 고대 이집트의 왕이 부하 건축가에게 쇠로 죽은 자매의 상을 만들어, 그것을 '자석을 덮은' 납골당 천장 아래 떠 있도록 하라고 명령한 기록이 있다. 하지만 왕과 건축가 모두 그 시도가 성공하기 전에 사망했다. 또 다른 전설도 있다.

"쇠로 그럴듯한 태양의 모습이 만들어졌다. 다음에는 사원 천장에 자석이 장치되어 그 힘으로 철제 태양은 외견상 아무런 받침도 없이 공중에 떠 있었다. 그러나 어떤 영리한 신의 머슴이 그 속임수를 알아채고 천정의 자석을 제거했다. 그 때문에 철제 태양은 바로 지면으로 떨어져 산산조각 부서졌다."

이런 연유로, 기원 전에도 자석을 이용하면 쇠를 공중에 뜨게 할 수 있다고 믿는 사람들이 많았다는 것은 사실인 것 같다.

17세기 초반에 두 저술가가 어떻게 하면 그것이 가능한가를 검토한 기록이 있다. 그중의 한 사람이 카베우스 신부(1585~1650)였다. 그는 실험적 방법으로 문제를 규명해 보려고 시도했다. 옛 해설에 의하면 "그는 삽화에서 보듯이, 자석 두 개를 손가락 네 개 정도의 간격을 띄워 아래위로 배치하고, 다음에 두 손가락으로 바늘의 중간을 잡고 아래위 자석 사이에 넣어, 바늘이 양쪽 자석으로부터 같은 힘으로 당겨져 받침 없이도 공중에 뜨는 위치를 찾으려고 했다." 찾고 찾은 결과 드디어 카베우스 신부는 바늘을 이상(理想) 장소에 위치시키는 데 성공했다. "바늘은 두 자석 중간에, 어떤 것에도 닿지 않고 계속 공중에 떠 있었다. 이 놀라운 광경은 4편의 긴 시구(詩句)를 반

바늘은 두 자석 사이의 공중에 떠 정지했다.

복해 암송하는 동안 지속되었다." 그러나 그가 친구를 부르려고 일어서자, "공기의 유동으로 그 마력(魔力)이 사라졌다."

카베우스 신부 자신이 바늘을 공중에 띄우는 데 성공했다고 밝히고 있다. 그러나 설령 그의 설명을 믿는다 할지라도 이 실험으로 곧 더 강력한 자석을 사용해도 무거운 4각의 관을 마찬가지로 공중에 띄울 수 있을 것이라고 생각하는 것은 지나친 억측이다. 그뿐만 아니라 무게가 가벼운 바늘을 끌어당길 정도의 힘을 갖는 자석을 구하기는 쉽겠지만 몇백 킬로의 무게를 끌어당기는 강력한 자석을 구하기란 거의 불가능에 가깝다. 과학사에 알려진 가장 강력한 천연의 자석은 중국의 한 황제가 포르투갈 왕에게 선물한 것으로, 300파운드의 무게를 끌어당길 수 있었다고 한다. 이와 같은 자석을 구하기도 매우 어려운데, 하물며 무거운 철제 관을 들어 올리려면 이런 강력한 자석 여러 개가 있어야 할 것이다.

관(棺)에는 중력이 작용하기 때문에 자석의 정확한 배치는 매우 어렵다. 관이 수평으로 정지하기 위해서는 관에 작용하는 힘이 모두 균형 잡혀야 하고, 만약에 어느 한쪽이 높거나 낮게 기울어져 있다면 보기 흉한 모습이 될 것이다.

아무리 유능한 건축가인들, 이와 같은 조건을 만족시키는 건물을 설계하는 것은 불가능할 것이다. 그리고 보면, 마호메트에 관한 가장 유명한 저술가의 한 사람이 낸 다음의 설명이 사실인 것 같다. "관은 납골당 바닥에서 띄우기 위해 아홉 장의 벽돌 위에 받쳐 놓고 그 측면은 흙으로 덮었다. 그것이 관을 공중에 들어올릴 정도의 높이, 즉 관 밑에 받친 벽돌 아홉 장의 높이였다.”

배를 침몰시키는 자석의 산

자석이 쇠를 끌어당기는 힘을 소재로 한 전설적인 이야기로는 마호메트 묘의 전설에 뒤지지 않는 것이 또 있다. 몇백 년에 걸쳐 전래된 일화로, 강력한 자력을 가진 검은 바위가 바다 속에 있어, 가까이를 지나는 배로부터 쇠못을 뽑아내기 때문에 배가 산산이 부서지게 된다는 신앙을 바탕으로 하고 있다. 그 전형적인 것이 아라비아의 『천일야화』의 작가가 쓴 이야기이다. 요약해서 설명하면 다음과 같다.

“나는 국왕으로, 바다 여행을 즐겼다. 그래서 10척의 배를 이끌고 바다로 나섰다. 20일간 항해하자 맞바람이 불기 시작했다. 우리는 선장도 알지 못하는 낯선 바다로 들어섰다. 바다 멀리 바라보니 때로는 검게, 때로는 희게 아련하게 떠오르는 무엇인가가 보였다.
선장은 그 소리를 듣자 터번을 벗어 갑판 위에 던지고, 턱수염을 잡아 뜯으며 여러 사람을 바라보면서 소리쳤다. ‘모두들 들으시오. 우리 모두는 파멸에 다가가고 있소. 누구 한 사람 피할 수 없을 것이오. 오! 나의 주여, 우리가 항로에서 벗어났음을 아시오. 내일이면 우리는 자석이라는 검은 산에 이를 것이오. 물 흐름은 지금 거칠게 우리를 그곳으로 몰아가고 있소. 배는 산산이 부서져 모든 못은 산을 향해 날아가 산에 붙을 것이요. 신은 자석에게 쇠로 된 것이면 어떤 것이든 끌어당기는 비밀의 성질을 부여했다오. 그 산에는 신만이 아는 대량의 쇠가 존재한다오. 왜냐하면 아득한 옛날부터 무수한 배가 저 산의 자력(磁力)에 의해 파괴되었으니까.'

다음날 아침, 우리는 그 산 가까이 이르렀다. 물 흐름은 빠르게 우리를 그곳으로 몰고 갔다. 배가 거의 산에 부딪치려 했을 때, 배의 모든 쇠못과 쇠로 만든 온갖 부품이 배에서 떨어져 산을 향해 날아갔다. 배는 산산이 부서지고, 일몰이 가까웠다. 물에 빠져 허우적거리는 사람도 있었으나 우리들 대부분은 익사했다."

이 밖에도 몇 사람의 아라비아 저술가가 자석산(磁石山)에 관해 쓴 것이 있다. 어떤 사람에 의하면, 그 산은 인도양 연안에 있으며, 쇠붙이를 조금이라도 가진 배가 항해 중에 이 산 가까이에 이르면 "쇠붙이는 배에서 뽑혀 날아가 산에 붙었다고 했다. 그 때문에 이 바다를 지나는 배를 만들 때는 쇠를 전혀 사용하지 않는 것이 관습이었다."

다른 여러 저술가는 이 검은 산의 소재지로 인도양, 지중해, 그린란드 등의 먼 곳을 지적하고 있다. 이 전설은 16세기까지도 존속했었다.

초기의 재미있는 전기실험

라이덴병의 비상한 현상

전기 자기학의 내력

고대 그리스의 철학자는 호박(琥珀, amber)을 문지르면 볏짚이나 마른 잎의 잘려 도막 혹은 조각을 끌어당긴다는 것을 알고 있었다. 하지만 엘리자베스 1세(Elizabeth I, 1533~1603) 시대에 영국의 물리학자이며 '자기학(磁氣學)의 아버지'로 불리는 윌리엄 길버트(William Gilbert, 1544~1603)가 유명한 실험을 하기까지는 그 지식이 거의 활용되지 않았다.

길버트는 호박과 같은 작용을 하는 물질이 호박 외에도 있는 것을 발견해, 그것을 호박을 뜻하는 그리스어 일렉트론(electron)에 맞추어 '일렉트릭(electric)'이라 총칭했다. 그는 호박과 또 자석을 사용해 여러 가지 실험을 했는데, 그중에는 매우 재미있는 것이 있어, 여왕 앞에서 실험해 보라는 지시를 받았다. 그의 연구는 이 새로운 분야에 굳건한 토대를 쌓았고, 18세기에 들어와서는 급격한 발전을 이룩했다. 후에 이 분야는 전기 및 자기로 부르게 되고, 더 이후가 되자 종합해서 '전자기학(電磁氣學)'으로 부르게 되었다.

스티븐 그레이의 실험

18세기에 실시된 실험 중에서 특히 재미있는 것은 영국의 물리학자이며 전자기학 연구의 선구자인 스티븐 그레이(Stephen Gray, 1666~1736)가 한 실험이었다. 1720년부터 1730년에 걸쳐, 그는 런던의 차터하우스(Charterhouse) 자택에서 매우 간단한 장치를 이용한 연구로 물질 중에는 전기를 잘 전하는 도체(導體), 전하지 못하는 부도체(不導體)가 있다는 것을 증명했다.

이 실험에서 그레이는 길이 약 1미터, 지름 25밀리미터의 유리관을 문질러 전하(電荷, charge)를 얻었다. 대전(帶電)한 유리관은 작은 깃털이나 금속박의 조각을 끌어당겼고, 그것이 닿으면 자극을 느꼈다.

그레이는 많은 중요한 실험을 했다. 그중에서 최초의 실험에 사용한 장치의 주요 부분은 단단한 바느질 실을 합사해 만든 기다란 짐을 묶는 데 쓰는 실이었다. 천장에 명주 고리를 여러 개 매어 놓고, 거기에 이 실을 꿰어 공중에 수평으로 매달았다. 그리고는 대전한 유리관을 실 한쪽 끝에 붙이고, 다른 쪽 끝에는 작은 깃털을 접근시켰다. 그러자 깃털은 실 끝으로 끌려갔다. 이 일련의 실험을 통해서 그는 전기가 유리에서부터 기다란 실(약 90미터) 거리를 옮겨간 것을 알았다.

그레이는 다음에 명주 고리 대신 구리선(銅線)의 고리를 천장에 매달고 거기에 짐을 묶는 데 쓰는 실을 꿰어 같은 실험을 반복한 결과, 전하(電荷)는 짐을 묶는 데 쓰는 실의 다른 쪽 끝까지 전달되지 않는 것을 알았다.

놋쇠 고리는 분명히 명주 고리와는 달랐다. 그 원인은 전기가 실을 받치고 있는 놋쇠 고리까지 와서는 고리가 매달린 천장의 목재로 흘러갔기 때문이다. 즉, 전기는 놋쇠 고리를 거쳐 천장으로 옮겨가 거기서 사라졌고, 최초의 실험은 전기가 명주실을 통과하지 못한다는 것을 뜻했다.

이 실험의 결과를 바탕으로, 그는 진일보해서 전기의 전도(電導)와 절연(絕緣)에 관해 일련의 실험을 했다. 이 실험에서 그는 가정에서 흔히 사용하는 도구를 많이 이용했다. 예를 들면, 명주끈의 한쪽 끝을 천장에 매고, 밑으로 내리쳐진 다른 쪽 끝에는 부젓가락을 매달았다. 그리고는 대전한 유리관을 부젓가락에 붙이고 부젓가락 끝에 깃털을 접근시키자 깃털은 부젓가락 끝에 끌려가 붙었다. 이것으로 그는 부젓가락은 전기를 전달하는 도체라는 것을 알았다.

이렇게 실험한 물품들의 종류를 들면, 부젓가락 외에도 구리주전자, 소뼈, 빨갛게 달군 부젓가락, 세계 지도, 병아리 등

다양했다. 이 물질들 하나하나마다 전기의 통전(通電) 여부를 실험했다. 그 결과 그레이는 많은 물질을 전기의 전도체와 절연체로 나눌 수 있었다.

지금까지의 설명으로 그레이가 매우 자상하고 꼼꼼한 사람이었다는 것을 짐작할 수 있을 것이다. 그는 인체가 전기를 통전하는지 여부를 알기 위해 자기 곁에서 잔심부름을 하는 소년(건장한 젊은이)을 이용하기로 했다. 그넷줄만큼이나 튼튼한 명주줄 두 개를 천장에 묶고 늘어뜨린 명주줄 끝을 고리처럼 만들었다.

먼저 젊은이를 엎드리게 한 뒤 바닥에 눕히고 한쪽 명주줄 고리에 두 발을 넣고 다른 쪽 고리는 어깨에 끼웠다. 그리고는 줄을 당기자 젊은이는 공중에 수평으로 떠올랐다. 그레이는 유리관을 문질러 대전(帶電)시키고 그것을 젊은이의 발바닥에 붙인 다음 젊은이의 머리에 손을 대자 찌릿하게 자극을 느꼈다. 이 결과로 그레이는 전기가 젊은이의 발바닥에서 머리까지 전도된 것을 알았다.

다른 간단한 실험에서는, 금속봉을 한쪽 손에 잡고 대전한 유리봉을 금속봉에 닿지 않도록 조심조심 접근시키자 어느 순간 두 봉의 좁은 틈 사이에서 불꽃이 튀며 작은 폭발소리가 들렸다.

오늘날에 이르러서는 거의 모두가 이런 현상의 이치를 잘 알고 있지만 그 무렵에는 생전 처음 보는 신기한 현상이었다. 그리고 그레이 이후 많은 세월이 흘러서도 전기는 이처럼 불꽂이나 쇼크를 의미할 뿐 실용상 아무런 쓸모가 없었다.

놀레 신부의 실험

건장한 젊은이를 이용한 그레이의 실험은 프랑스의 과학자 장 앙투안 놀레(Jean-Antoine Nollet, 1700~1770) 신부의 관심을 끌었다. 그는 자신도 그 실험을 시도해 보기로 결심했다.

놀레 신부가 소년을 이용해서 실험을 하고 있다.

그 역시 소년을 명주 끈에 매달았다. 앞의 삽화는 그 모습인데, 소년이 잘게 자른 금속박이 놓여 있는 테이블 위로 손을 뻗치고 있는 것을 볼 수 있다. 대전한 막대를 소년에게 접촉시키자 금속박은 날아올라 그의 손에 붙었다.

다른 실험에서, 신부는 동료 과학자를 수평으로 매달고 대전한 유리봉을 그의 발에 접촉시켰다. 그런 다음 신부는 자신의 손을 동료의 얼굴 약 1센티미터 위로 접근시키자 찌릿 하는 소리가 나며 두 사람 모두 바늘에 찔리는 듯한 통증을 느꼈다. 어두운 방에서 이 실험을 했을 때는 불꽃이 동료의 얼굴에서 놀레의 손으로 튀는 것이 보였다. 두 사람은 어느 정도 예상은 했지만 너무나 신기한 현상이었으므로 신부는 후에 회고하기를 "인간의 몸에서 뿜어 나온 불꽃이 내 마음에 던진 흥분은 한평생 잊을 수 없을 것이다"라고 했다.

라이덴병(瓶)의 발견

1740년 무렵까지 실험가들 대부분은 유리봉 또는 유리관을 손으로 문질러 대전시켜 전기를 얻었다. 상당히 전에 기전기(起電機)가 발명되기는 했지만 별로 보급되지는 않았다. 전형적인 기전기는 유리 원통을 입축(立軸) 위에 올려 핸들을 장치한 것으로, 실크의 쿠션이 유리 원통을 가볍게 밀듯이 고정되어 있었다. 핸들을 돌리면 원통이 회전해서 쿠션에 문질러지며 마찰로 전기가 발생했다. 다음에 기계와 대전시키려고 하는 물품 사이에 긴 금속관을 걸쳐서 관을 접촉시켜 전기를 물품에 옮겼다. 어떤 과학자는 이 실험에 총신(銃身)을 사용했다.

1746년에 네덜란드 라이덴 대학의 물리학 교수인 피터르 판 뮈셴브루크(Pieter van Musschebroek, 1692~1761)는 대전한 물체를 방치해 두면 곧 전하를 상실하는 것을 관찰하고, 대전한 물체를 절연체로 완전 둘러싸 버리면 전하의 상실을 막을 수 있을지도 모른다고 생각했다. 그래서 그는 자기 아이디어를 확인하기로 마음먹고 유리병에 넣은 소량의 물을 대전시키기로 했다.

그는 총신의 한쪽 끝에 놋쇠 사슬을 연결하고 다른 쪽 끝은 기전기에 접촉시켰다. 이 실험을 도운 다른 한 사람의 과학자 크네우스가 물을 넣은 병을 잡고, 놋쇠 사슬이 물 속에 잠기도록 했다. 이때 뮈셴브루크가 기계의 핸들을 돌렸다.

발생한 전기는 총신을 거쳐, 놋쇠 사슬을 타고 내려가 물 속으로 들어갔다. 잠시 후에 아직 손바닥에 병을 잡고 있던 크네우스는 무심결에 다른 한쪽 손으로 총신을 잡았다. 그러자 당장 벼락을 맞은 듯한 쇼크를 느끼고, 팔과 다리에 마비가 와서 얼마 동안 움직일 수 없었다. 이 마비는 몇 시간 지나자 점차 풀렸다.

실험이 끝나자 바로, 뮈셴브루크는 이 실험의 과정과 결과를 어느 유명한 프랑스 과학자에게 글로 적어 보내며 "프랑스 왕국 전부를 준다고 해도 나는 두 번 다시 쇼크를 받고 싶지 않다"고 소감을 밝혔다. 그는 편지의 수취인에게 실험은 정말 무서운 것이므로 절대 다시 하지 말라고 충고했다.

이렇게 따끔한 체험을 했지만 매우 중요한 사실도 새로 발견했다. 뮈셴브루크와 그의 동료는 물이 들어 있는 병에 전기를 보관할 수 있다는 것도 이때 알았다.

병은 곧 사용하기 편리한 모양으로 개조되었다. 놋쇠 사슬을 밖에서 내려뜨리는 것을 치우고, 대신 병에는 코르크를 끼우고 거기에 놋쇠 막대를 꽂았다. 막대 꼭대기에는 동그란 손잡이가 있고 아래쪽 끝에는 놋쇠 사슬이 드리워져 병 속의 물에 잠기는 모양이었다.

충전할 때는 놋쇠 손잡이를 기전기에 전기적으로 접촉시켰다. 그리고 1748년에는 물도 없애고 병 내면에 금속박지를 들러씌웠다. 그리고 바깥쪽 표면에도 아래 삽화에서 보듯이 같은 높이까지 금속박지가 붙여졌다(왼쪽 병에는 금속박지에 가리워진 막대부분이 점선으로 표시되어 있다).

라이덴병

사람이 손을 잡고 전기실험

라이덴병(Leyden jar)은 충전되었을 때 매우 조심해서 다루어야 했다. 그것을 손바닥에 놓고 손잡이에 접촉하면 전기 쇼크를 받았다. 병에 전기가 가득 충전되면 쇼크는 매우 격렬했다.

철사의 한쪽 끝을 바닥 바깥면에 대고 다른 쪽 끝을 놋쇠 손잡이에 거의 닿을 듯이 접근시키면 불꽃이 튀며 '팍!' 하는 소리가 났다.

뮈셴브루크의 실험이 발표되자 세상 사람들은 놀라고 흥분했다. 이 '자연과 철학의 경이로움'를 구경하기 위해 군중이 모여들고, 불가사의한 병(瓶)에 관해 무엇이나 알고 싶어했다. 일부 망나니 인간들은 마술사처럼 분장을 하고 장터에서 장터로 옮겨 다니며 조잡한 실험으로 라이덴병에서 불꽃과 쇼크를 연출해서 시골 사람들을 어리둥절하게 만들었다.

하지만 과학자들은 병이 과학에 큰 공헌을 한다는 사실을 인식했다. 그도 그럴 것이, 이 병이 발견된 것은 바로 전기라는 새로운 테마가 열심히 연구되고 있는 무렵이었기 때문이다. 특히 프랑스의 과학자 놀레 신부는 라이덴병을 사용해서 많은 실험을 했다. 그의 실험은 전기가 전달되는 거리, 전기가 전도되는 물질의 종류, 전기가 전도되는 속도 등을 측정하기 위해 설계된 것들이었다. 그의 실험 중에서 두 가지는 고관들의 면전에서 실시되었다.

프랑스 왕과 신하들이 지켜보는 앞에서 180명의 병사들이 손을 이어잡고, 한 곳에만 작은 간격을 두고 둥그렇게 원을 그리며 늘어섰다. 간격을 둔 한쪽 끝의 병사는 충전한 라이덴 병 바닥의 덮개를 잡고 다른쪽 끝의 병사는 병의 손잡이를 날쌔게 만지도록 명령했다. 모든 병사가 직립 부동의 자세를 취한 가운데 양쪽 끝의 병사는 명령대로 실행했다. 그 순간, 병사 전원이 심한 충격을 받아 모두 일제히 펄쩍 뛰었다. 많은 병사가 한 구령에 그렇게 빨리, 그렇게 일제히 따른 적은 일찍이 없었다.

그 후에 놀레 신부는 또 하나의 공개 실험을 했다. 이번에는 파리에 있는 컬트(Cult) 교단의 대수도원에서 실시되었다. 모든 수도승이 손과 손 사이에 철사를 잡고, 총 길이 1마일 이상의 원을 그리며 늘어섰다. 앞에서와 마찬가지로 역시 원의 한 곳은 떼어 놓고, 양쪽 끝의 수도승으로 하여금 앞에서와 같은 동작을 하게 했다. 신호와 동시에 한쪽 끝의 수도승이 병의 손잡이를 만지자, 동시에 전원이 쇼크를 느껴 펄쩍 뛰었다.

영국에서는 소수의 지식인들이 이 새로운 공개 실험을 관찰한 후 보고하는 위원회가 만들어졌다. 1747년 7월 14일, 그들은 국회의사당에서 가까운 웨스트민스터 다리 위에 모였다. 다리의 이쪽 끝에서 저쪽 끝까지, 지금으로 말하면 전선처럼 한 줄의 철선을 가설했다. 길이는 약 4분의 1마일이며, 철선은 이쪽 저쪽 모두 강언덕까지 이어졌다. 한쪽 언덕에 남자가 서서 충전한 라이덴병 바깥 씌우개를 한 손으로 잡고, 다른 한 손으로는 철봉을 들고 그 끝을 강물 속에 담구었다. 그리고 병의 손잡이는 철선에 묶었다.

강의 반대쪽 언덕에는 다른 한 남자가 마주 보고 섰다. 그도 역시 철봉을 한 손에 잡고 다른 한 손은 철선의 끝을 잡았다. 신호가 떨어지자 제2의 남자가 철봉을 강물 속에 쑥 집어넣었다. 그 순간 강 양쪽의 두 남자는 동시에 펄쩍 뛰었다. 두 사람 모두 전기 쇼크를 받았기 때문이다. 전기는 번개처럼 라이덴병의 손잡이에서 철선을 타고 다리를 건너, 철봉을 가진 남자의 신체를 통해 철봉에서 물 속으로 들어가고, 너비 4분의 1마일의 강물을 건너 철봉을 통해 반대쪽 언덕의 남자에게로 달려가 신체를 통해 라이덴병으로 돌아간 것이다.

전기가 넓은 템스(Thames) 강을 섬광처럼 통과할 수 있다는 발견의 효과는 절대적이었다. 이 실험에 이어 비슷한 실험이 공개로 실시되어, 전기가 길이 수마일의 회로도 순간에 흐른다는 사실이 밝혀졌다. 이와 같은 실험은 영국뿐만 아니라 다른 여러 유럽 나라와 미국에까지 비상한 관심을 갖게 했다.

개구리 수프와 전지

동물 조직에서 전기적 성질을 발견

갈바니 부인의 관찰

과학사상 가장 유명한 개구리는 식용개구리류일 것이다. 프랑스와 일부 남유럽에서는 옛날부터 이 개구리의 뒷다리를 매우 맛있는 식재료로 사용했다. 개구리 살의 맛은 어린 병아리나 어린 토끼의 연한 육질(肉質)과 비슷해서 보통 생선처럼 튀겨 먹었다. 그러나 이 이야기의 주인공이 생존한 시대에는 개구리의 뒷다리로 만든 수프는 '체력을 기르거나' 또는 '원기를 회복시키는' 효력이 있다고 해서 의사가 병약한 사람들에게 권유하기도 했다. 이 식용 개구리는 영국 여러 섬에 서식하는 개구리들과는 다소 다른 개구리였다.

1786년경, 이탈리아 볼로냐(Bologna) 대학의 해부학자 루이지 갈바니(Luigi A. Galvani, 1737~
1798) 교수의 부인이 병으로 몸이
허약했으므로 의사는 빠른 회복을
위해 개구리의 다리를 삶아 만든 수
프를 먹도록 권유했다. 교수는 당시
의 다른 과학자들과 마찬가지로 자
택의 한 방에 실험실을 마련하고,
대부분의 학생은 그곳으로 가서 교

루이지 갈바니

육을 받았다. 부인은 곧잘 방의 한 구석에 앉아 남편의 수업
모습을 지켜보기도 했다.

전래되는 이야기에 의하면 어느 날, 갈바니 부인은 이 방에
앉아서 수프를 만들기 위해 개구리 몇 마리의 표피를 벗기고
있었다. 한 마리 한 마리의 표피를 벗길 때마다 그녀는 그것
을 남편이 쓰는 기전기 곁에 있는 테이블 위의 금속제 접시에
놓았다. 개구리 모두의 표피를 벗겼으므로 표피를 벗길 때 사
용한 나이프를 접시에 올려놓고 학생 몇 사람과 이야기를 나
누었으며, 다른 학생들은 기전기를 돌려 불꽃을 일으키며 놀
고 있었다.

이때 갑자기 부인은 개구리의 다리가 접시 위에서 마치 살
아 있는 듯이 퍼득퍼득 움직이는 것을 목격했다. 그녀는 깜짝
놀라 잠시 그것을 지켜보았다. 그러나 더 자세히 보니 금속제
접시 끝에 걸쳐 놓은 나이프의 칼날에 닿아 있는 다리만이 꿈
틀거린다는 것을 알았다. 그리고 또 기전기가 불꽃을 일으키고

있을 때만 다리가 경련을 하는 것 같다는 것을 느꼈다.

그녀는 남편이 귀가할 때까지 자신이 목격한 사실을 아무에게도 알리지 않았다. 갈바니는 아내의 이야기를 듣고 매우 반겼다. 그는 실험을 반복하고, 또 여러 가지 변화를 가해 실험한 결과 매우 중요한 발견을 했다.

이것이 갈바니가 어떠한 계기에서 일련의 실험을 하게 되었는가를 설명하는 내력담이지만, 여기에는 꾸며 낸듯한 냄새도 다소는 풍긴다.

갈바니 자신의 설명은 이와는 다소 차이가 있기 때문이다. 어떻든 이 전승되는 이야기에는 수긍이 가는 요소도 얼마간은 있다. 그의 아내 루티아는 일생을 과학자들 사이에서 생활했으므로 과학에 조예가 깊었다. 그녀는 유명한 교수의 딸로 태어난 총명한 재원으로, 결혼한 후에도 남편과 함께 친정집에 살았으며, 거기에는 많은 과학자가 출입했다. 만약 그녀가 전래되는 이야기대로 개구리 다리의 경련을 발견했다면, 그러한 이상 현상에 주요한 의미를 감지하고 가급적 신속히 남편에게 알렸을 것은 의심할 바 없다. 또 1786년경 신병이 있었다는 증거도 있으며, 갈바니가 그 실험의 해설서를 출판하기 전에 사망한 것도 사실이다.

갈바니 자신의 해설에 의하면, 그는 개구리를 해부했을 때 뒷다리를 좌골 신경으로 척추에 연결한 채 남겨 두고 테이블 위에 놓았다. 그리고 가끔 거기서 기전기를 사용했었다. 그의 조수가 별 생각 없이 해부칼로 신경을 건드렸더니 근육이 마치 심한 경련을 일으킨듯이 꿈틀거리는 것을 목격했다. 그것은 기전기에서 불꽃을 일으켰을 때만 일어나는 것으로 보여, 갈바니는 그 기묘한 현상에 매료되었다.

갈바니 자신의 말에 따르며, "당장 이 현상을 연구해야겠다는 열의와 강한 욕망이 솟구쳤다." 그래서 그는 "계속해 개구리의 여기저기 신경을 건드리고, 그와 동시에 한편에서는 한 조수가 기전기로 불꽃을 일으켰다. 결과는 매회 마찬가지였다. 단 한 번의 예외도 없이 기전기에서 불꽃이 일어날 때마다 바로 그 순간에 예리한 수축이 다리의 근육에서 발생했다. 그것은 마치 해부된 생물이 파상풍에 걸린 모습 같았다."

갈바니는 이전부터 개구리의 근육 운동을 연구하고 있었으며, 1772년에는 이 문제에 대해 논문도 발표했었다. 그와 다른 사람도 1786년보다 이전에 동물의 근육에 라이덴병이나 기전기를 가까이 접근시키면 끌리거나 경련을 일으킨다는 것을 알고 있었다. 그러므로 그의 해설을 받아들일 합당한 이유가 있다. 왜냐하면, 그가 개구리의 다리와 기전기를 필요로 하는 실험 준비를 했다는 것은 인지할 수 있으므로. 하지만 두 이야기의 어느 쪽을 따르든 최초는 우연한 관찰에서 기전기가 불꽃을 일으키고 있을 때 근육이 경련하는 것에 주목했다는 점에서는 일치한다. 한편, 경련을 발견한 것은 한쪽에서는 그의 아내였다고 하고, 다른 한쪽에서는 조수였다고 한다.

난간에 걸어 둔 개구리의 다리

이 우연한 관찰의 결과로, 갈바니는 개구리의 다리를 대상으로 일련의 실험을 했다. 그중에서도 자기 집 발코니의 철제 난간에 개구리를 걸어 두었을 때의 실험은 그에 관한 이야기가 나올 때마다 화제가 되고 있다.

이 실험에 관한 해설은 모두 일치해서, 그는 이 실험에서 번개, 즉 대기의 전기가 근육에 미치는 효과를 연구하려 했다고 한다.

어느 청명한 날, 조용하게 바람이 살랑살랑 불고 있을 때 난간에 걸어 둔 개구리의 다리가 바람에 흔들려 난간에 닿을 때마다 꿈틀하고 경련하는 것을 보았다. 그는 매우 놀랐다. 그도 그럴 것이, 이제까지 대기의 전기로 경련이 일어나는 것을 한 번도 본 적이 없었기 때문이다. 이 우연한 관찰로, 그는 다른 긴 일련의 실험을 시작했다.

하지만 갈바니 자신은 이 또한 통설과는 다른 설명을 했다. 그가 쓴 바에 의하면 개구리를 해부해서 두 다리를 좌골 신경으로 등뼈를 절단하고 남은 곳에 연결한 채 남겨 두고, 놋쇠의 코바늘을 척추에 꽂았다. 그러므로 코바늘은 분명히 신경에 접촉해 있었다. 다음에 이 다리를 난간에 걸어 놓았다. 하지만 날씨가 좋을 때나 비 오고 번개 칠 때나 가리지 않고 때때로 쥐가 나거나 경련이 일어나는 것 같아 날씨가 청명한 날

며칠간 면밀하게 지켜보았다. 그 결과 경련은 극히 드물게 일어날 뿐이었다. 끝으로 '아무런 성과도 없이 기다리는 것에 지쳐' 그는 놋쇠의 코바늘을 난간에 꼼짝 못하게 고정시키고 그때 경련이 일어나는가를 보려고 했다. 그 결과 근육에는 경련이 일어났다. 그는 이 실험을 여러 번 반복했으나 그때마다 거의 빠짐없이 경련이 일어났다. 이것은 대기의 전기와는 전혀 관계가 없었다. 날씨는 청명했으므로.

이와 같은 이유로, 그 자신의 설명에 의하면 이 새로운 종류의 경련을 발견한 것은 일반적으로 알려진 바와 같은 우연에 의한 것이 아니라 짜증이 나서 일부러 시도한 데서 생긴 결과라고 했다.

쇠난간 위에서의 결과를 우연히 관찰했느냐 아니냐는 젖혀두고, 어떻든 그 후에 그는 개구리의 다리를 들고 방으로 들어가 간단한 실험을 했다. 다리를 철제 접시 위에 놓고 놋쇠

개구리의 발은 꿈틀하고 경련했다.

코바늘을 접시에 내리눌렀다. 누를 때마다 그의 말에 의하면 '경련을 볼 수 있었다.'

갈바니는 많은 다른 실험을 한 후에 왜 근육이 경련하는가를 설명하려고 했다. 앞에서 설명한 바와 같이 그는 동물의 근육이 기전기 가까이에 닿으면 경련하는 것을 알고 있었다. 분명히 전기는 경련을 일으켰다. 그러나 이 새로운 경련은 외부에서 전기를 접촉시키지 않았음에도 일어났다. 그래서 그는 이 경련은 '내재하는 동물 전기'에 의해서 일어나는 것이 틀림없다고 믿었다. 이 동물 전기는 신경을 통해 근육으로 흐르지만 상이한 두 금속이 들어가 회로를 형성했을 때만 그렇게 된다고 그는 설명했다. 앞의 삽화는 이를 보여 주고 있다. 갈바니가 굽은 철편을 들고 다리 위쪽에 있는 척추를 둘러싼 놋쇠 고리와 개구리의 발 양쪽을 잡으려 하고 있다.

동물 전기의 이론과 볼타전지

갈바니의 연구와 동물 전기가 존재한다는 그의 이론이 과학계에 알려지자 그것은 바로 일반에게도 큰 흥밋거리가 되었다. 그의 실험은 여러 가지 형태로 변경되어 반복 실험되었다. 특히 이탈리아 출신의 파도바(Padova) 대학 교수인 물리학자 알레산드로 볼타(Alessandro Volta, 1745~1827)는 그중에서도 뛰어난 연구자였다.

볼타는 처음 갈바니의 이론을 수용했지만 일련의 시험을 거친 후에는 반박했다. 그는 개구리의 신경과 근육은 전기의 발생과는 아무런 관련도 없다. 즉, 동물 전기 따위는 존재하지 않는다는 것을 명백하게 밝혔다. 그 대신 전류

알레산드로 볼타

는 두 종류의 금속의 접촉으로 만들어진다는 것을 증명했다. 그의 증명은 완전한 것이었으므로 그것을 바탕으로 '볼타의 전퇴(電堆)'라는 것을 발명하게 되었다. 이 전퇴(오늘날에는 전지)의 구조는 다음과 같았다.

은으로 만든 모난 판 또는 원판 위에 크기와 모양이 같은 아연판을 쌓고, 그 위에 식염 용액에 침윤시킨 플란넬을 쌓았다. 다음에 또 은판과 아연판의 짝을 올려놓고 또 그 위에 다른 플란넬 층을 올렸다. 이를 반복해서 12층의 금속판을 상하로 쌓는다.

볼타는 맨 위의 금속판을 한 손으로 잡고 밑의 판을 다른 손으로 잡은 결과 전기 쇼크를 느꼈다. 위의 판과 밑의 판을 철사로 연결하자 전기는 그 속을 연속된 흐름으로 통전했다.

이 전퇴는 흐르는 전기를 얻을 수 있는 화학적 방법을 제공했다. 그 주요 장점의 하나는, 전기를 연속적으로 공급할 수 있는 점이었다. 이 전퇴를 사용하면 과학자가 할 수 있는 실험이 크게 늘어났다. 예를 들면, 전퇴가 발견되고 몇 해도 지나지 않아 험프리 데이비(Humphry Davy, 1778~1829)는 이를 사용해 처음으로 금속나트륨을 단리(單離)했다. 이 밖에도 전퇴를 사용한 화학적 발견이 이어졌고, 전기 그 자체의 연구도 크게 발전했다. 볼타의 전퇴는 19세기에 등장한 모든 1차 전지, 2차 전지의 원조인 셈이며, 그 화학적 원리는 현재까지도 전지를 만들기 위한 토대가 되고 있다.

이와 같은 각종 발견이 실로 기묘한 요인에서 비롯되었다는 것은 회고해 보면 흥미롭게 느껴진다. 1786년에 갈바니의 집에서 일어난 우연에서부터 철제 난간에 걸어 둔 개구리의 다리며, 동물 전기라는 그릇된 이론도 분명 존재했었다.

불행하게도 갈바니가 자신의 노작(勞作)으로 얻은 기쁨은 오래 이어지지 않았다. 사랑하는 아내 루티아는 그의 연구 해설서가 출판되기 이전에 죽었다. 노작의 씨앗은 이 밖에도 많이 자랐다. 프랑스 혁명이 낡은 정치의 질서를 뒤집었고 그의 조국 이탈리아에도 공화국이 수립되었기 때문이다. 전하는 바에 의하면 갈바니는 새로운 지도자에게 복종을 맹세하지 않았기 때문에 교수의 지위와 그에 부수되는 수입을 잃었을 뿐만 아니라 자택을 떠나 다른 곳에 거처를 찾아야만 했다. 그는 형제의 집으로 조용히 은퇴한 뒤, 거기서 1798년에 병으로 사망했다.

공화국 정부는 갈바니의 위대한 과학상의 업적을 인정해서 그를 볼로냐 대학 교수로 복직시키기로 결정했다고 한다. 그러나 때는 이미 늦었다.

적국의 과학자에 대한 배려

나폴레옹의 과학 사랑

적대국 간 과학자들의 소통

20세기에 일어난 두 차례의 세계대전 때, 서로 대적하는 나라의 과학자들은 자신들의 지식을 조국의 요구대로 이용하게 하고 중대 기밀이란 베일 아래 온갖 과제를 연구했다. 예를 들면, 탱크의 제조라든가 독가스의 사용, 원자탄의 개발 등, 전쟁의 승리를 위해 온 힘을 쏟았다. 따라서 양차 대전 동안에는 적대국 과학자 간의 인적 교류는 물론, 통신 연락까지도 두절되었다. 실제로 만약 그러한 연락이 있었거나 시도되었다면 그것은 최고의 반역 행위로 간주되어 엄하게 처벌되었을 것이다.

하지만 적국에 거주하는 동료 과학자에 대한 이와 같은 태도는 어느 시대에나 반드시 지켜졌던 것은 아니다. 1803년에 쓰여진 흥미로운 편지가 그것을 시사하고 있다. 그해에 영국과 프랑스는 나폴레옹전쟁 중에 있었으므로 국민 감정은 서로 날이 선 상태였다. 당시의 영국 왕립협회 회장은 조지프 뱅크스(Joseph Banks, 1743~1820)였으며, 그는 프랑스의 그에 상당하는 지위의 인사인 앙스티튜 내셔날(Institute Nationale)의 회장에게 다음과 같은 편지를 보냈다.

> "내가 프랑스에 거주하는 영국인 학자들과 통신 연락을 유지한다 할지라도 그들을 정치적 목적에 이용한다고 비난하지 않기를 바랍니다. 또 명성과 영예를 존중하는 우리나라의 신사들이 과학적 정보를 제공하거나 수집하기 위한 목저으로 귀국을 방문할지라도 그때마다 스파이 행동을 했다는 오명을 뒤집어씌우는 일이 없기를 바랍니다.
>
> 만약 이와 같은 소통이 불가능하다면 두 나라 과학자들 간에 계속 유효한 의사소통을 유지할 수 없게 될 것입니다."

그러나 전쟁 중에 조지프 뱅크스가 이처럼 프랑스와 교류를 유지하는 것을 영국 사람 모두가 호의적인 눈으로 보아온 것은 결코 아니었다.

프랭클린과 쿡 선장

북아메리카의 식민지 주민들이 영국에 대해 독립을 선언하고 나서 수년이 지난 1779년에 조지프 뱅크스는 자기 나라의 또 하나의 적에 대해 감사의 뜻을 표명했다.

아메리카의 식민지와 모국인 영국 간에 이미 수년 간이나 전투가 이어져 왔으므로, 1779년 당시에는 쌍방 국민 간의 감정이 매우 날카로운 상태였다. 미국의 작은 선박(전쟁 중에 적의 상선을 포획할 수 있는 허가를 받은 무장 민간 선박)이 영국 선박을 피랍하고, 당시 역시 영국과 교전 중인 프랑스는 그 아메리카 선박에 기지를 제공해 활동을 도왔다.

1768년에서 1779년에 걸쳐 영국의 항해가 제임스 쿡(James Cook, 1728~1779) 선장이 남쪽 바다를 항해해 오늘날의 오스트레일리아 지역에 있는 새로운 육지를 탐험했었다. 그는 이전부터 벤저민 프랭클린(Benjamin Franklin, 1706~1790)과 아는 사이였다. 프랭클린은 과학자일 뿐만 아니라 아메리카의 지도적 정치가의 한 사람으로, 당시 합중국 대표로 프랑스 궁정에 파견되어 있었다. 다음에 예로 든 프랭클린의 편지는 그가 1779년 3월 10일에 어떠한 행동을 했는가를 기술하고 있다.

"현재 영국과 교전 중인 아메리카 합중국 의회의 위임을 받아 행동하고 있는 모든 무장 선박의 선장과 지휘관에게!
여러분, 이 전쟁이 시작되기 전 미지의 바다 안에 있는 새로운 나라들을 발견하기 위해 매우 유명한 항해자이며 발견자인 쿡 선장의 지휘 아래 영국에서 한 척의 배가 출항할 수 있도록 모든 장비를 갖춘 채 파송되었습니다. — 이 자체는 참으로 칭찬할 만한 기도였습니다. 왜냐하면, 지리상의 지식이 늘어나면 유용한 광물·제품 교환에서 멀리 떨어져 있는 나라들 간의 통신이 쉬워지고 인간 생활의 공통된 기쁨도 증가함은 물론 예술이 확대되고 다른 종류의 과학도 발전해서 인류 전반의 이익이 될 수 있기 때문입니다. 따라서 이것은 여러분 한 사람, 한 사람이 마음으로 바라는 바이겠지만 지금 지적한 배는 불원간 유럽의 바다로 돌아올 것이 예상되므로 만약 당신의 손에 나포되는 일이 생긴다면 당신은 그것을 적으로 간주하지 말고 그 배에 실려 있는 재화에 어떠한 약탈도 가하지 말 것이며, 그것을 뒤로 미루거나 유럽의 다른 장소나 미국으로 보내거나 하여, 그것이 곧바로 귀환하는 것을 방해하지 말 것이며, 전술한 쿡 선장과 그 부하들을 더없이 정중하고 친절하게 다루어 그들에게 인류 공통의 친구로서, 그들이 필요로 하는 지원을 힘이 미치는 한 제공해 주시기 바랍니다. 그렇게 함으로써 당신은 당신 자신의 관대한 기질을 만족시킬 뿐만 아니라 틀림없이 당신은 의회와 다른 미국 선장들의 칭송을 받게 될 것입니다.

여러분의 가장 충실하고 조신한 심부름꾼인 영광을 갖는 B. 프랭클린."

1779년 3월 10일 파리에서

프랭클린은 이 편지를 자기 독단으로 보냈지만 후에 의회는 이를 지지하는 데 동의했다.

하지만 쿡 선장은 프랭클린의 통행증 선물이 입수되기 전에 새로 발견된 육지의 한 곳에 사는 원주민에 의해서 살해되었다.

쿡 선장의 사망 소식이 영국에 알려진 후, 프랭클린의 또 다른 옛 친구의 한 사람인 호 경(卿)이 통행증 사건 소식을 들고 국왕에게 영국 해군성을 대신해서 프랭클린에게 쿡의 『태평양 항해기』 1부를 기증하고 싶다고 청원했다. 조지 3세는 내키지 않았지만 마지못해 승낙했다. 이 무렵 조지 3세는 프랭클린에 대해 좋지 않은 감정을 가지고 있었기 때문이다.

왕립협회의 조지프 뱅크스 회장은 이전의 탐험 항해 때 쿡과 동행한 적이 있었다. 왕립협회는 쿡의 항해를 기념하는 메달을 제작하기로 결정하고, 그중의 소수의 메달은 금으로 만들기로 의견을 모았다. 협회는 그 금메달의 하나를 '반역자 프랭클린'에게 보내기로 결정했다. 조지프 뱅크스는 그것을 프랭클린에게 지급으로 발송했는데 그에 동봉한 각서에는 "당시 귀하의 지휘 아래 있던 아메리카 무장선 전부에 그 대항해자(大航海者)를 곤경에 빠뜨릴 만한 행동을 일절 못하게 명령한 자유로운 사상을 우리가 얼마나 진실하게 존경했는가를 기념하기 위해 이 메달을 증정한다"고 썼다.

나폴레옹과 제너

프랑스 황제 나폴레옹(Napoléon, 1769~1821)은 영국에게 결코 만만치 않은 적수였다. 그가 역사상 가장 위대한 장군들 중의 어느 누구에게도 뒤지지 않는 전쟁 기술과 실전에 통달했다는 것은 널리 알려진 사실이다. 따라서 그는 적국의 비전투원 간의 교류나 우정을 유지하려고 하는 어떠한 시도에 대해서도 못마땅한 얼굴을 했을 것으로 생각하기 쉽다. 하지만 그의 태도는 반드시 그런 것만은 아니었다.

나폴레옹은 의학에도 깊은 관심을 가졌으며, 국민의 건강을 위한 새로운 발견이라도 이루어지면 항상 깊은 주의를 기울였다. 잘 알려진 예로, 영국의 의학자 에드워드 제너(Edward Jenner, 1749~1823)가 종두법을 발견하자 곧바로 그것이 국민에게 큰 가치를 갖는 것이라고 판단한 것을 들 수 있다. 그는 자신의 어린 아들에게 종두를 접종시킴으로써 이 새로운 발견에 대한 신뢰를 분명히 밝히고, 1809년에는 종두를 명령하는 칙령을 내렸다.

영국과의 전쟁이 시작된 지 1년 후인 1804년에 나폴레옹 훈장 계열에서 가장 아름다운 훈장 하나가 제정되었다. 그것은 황제가 종두의 가치를 승인한 것을 기념한 것이었다. 이 훈장에는 제너에 대한 황제의 개인적인 경의를 나타내는 의도도 담겨 있었다고 한다.

데이비의 수상과 프랑스 방문

나폴레옹은 전시 중 또 한 사람의 영국인 과학자에게 포상했다. 알레산드로 볼타(Alessandro Volta, 1745~1827)가 전기를 만들어 내는 화학적 방법을 발명하고 얼마 지나지 않아 나폴레옹은 매년 전기에 관한 가장 뛰어난 실험적 연구를 한 사람에게 메달과 상금 3,000만 프랑을 수여했다. 1807년에는 영국과 프랑스가 전쟁을 하고 있음에도 불구하고 적국인 영국의 화학자 험프리 데이비(Humphry Davy, 1778~1829)에게 이 상을 수여했다. 어떤 저술가는 다음과 같이 논평했다.

> "이렇게 하여 볼타의 전지는 영국 화학자의 손에 의해, 영국의 대포 전부를 갖고도 결코 만들어 낼 수 없는 것 ─ 영국의 우월성에 대해 마음으로부터의 존경 ─ 을 받았다."

한편, 당사자인 데이비는 이렇게 기록했다.

> "일부 사람들은 내가 그 상을 받지 않아야 한다고 말한다. 신문에도 그런 취지의 바보스러운 단평이 실렸다. 하지만 설령 두 나라 또는 정부가 전쟁을 하고 있을지라도 과학자는 그러하지 않다. 만약 과학자도 전쟁을 하고 있다면 그거야말로 진실로 가장 악질의 내전일 것이다.
> 우리는 오히려 과학자의 노력에 의해서 국가 간의 격렬한 적개심을 완화시키고자 한다."

후일, 데이비는 프랑스 왕립연구소의 제1급 통신 회원으로 선출되어 전쟁 중에 프랑스를 방문했다. 그에 대해 다음과 같이 기술하고 있다.

> "프랑스의 학자들이 이 영국의 철학자를 맞이해서 포옹했을 때의 관대함, 가식 없는 친절과 마음씨는 일찍이 전례가 없을 정도였다. 그들의 행위는 과학이 국가의 증오를 넘어선 승리, 바로 그것이었다. 그것은 천재에 대한 존경의 표시였으며 그것

을 베푼 사람들에게나 그것을 받은 사람에게나 마찬가지로 칭
송해야 할 시안이었다."

험프리 데이비는 기념 축전의 만찬에까지 초대를 받았다.
그 만찬에서는 런던의 왕립협회와 린네협회를 위해 건배가 거
듭 제의되었다. 이때 역시 프랑스와 영국이 전쟁을 치르고 있
는 와중이었다. 만찬에서는 다음과 같은 일도 있었다고 한다.

"영국의 손님에 대해 가장 위대한 감정과 배려를 나타낸 것
은 참석자들이 황제에 대한 건강을 축복하자는 건배 제의를 받
아들이지 않은 사실이었다. 그것은 그들의 개인적 안전을 위태
롭게 하는 일이었다. 후에 나폴레옹이 그와 같은 불경한 행위
에 대해 얼마나 진노할 것인가 하는 우려가 있었기 때문이다."

그러나 나폴레옹은 이 처사에 대해 아무런 반응도 보이지
않았으므로 만찬은 축하 분위기에서 끝났다.

4

화학에 관한 에피소드

클레오파트라는 실제로 진주를 녹였나

호화판 잔치에 넘어간 안토니우스

클레오파트라에게 반한 안토니우스

이집트의 여왕 클레오파트라(Cleopatra, BC 69~BC 30)는 역사상 가장 아름다운 여왕의 한 사람이었을 뿐만 아니라 멋진 매력과 비상한 재치, 막대한 재산의 소유자이기도 했다. 그녀는 자기 몸을 위해서라면 무엇 하나 아까울 것이 없었다.

기원전 40년경, 로마제국의 지배자 중 한 사람인 마르쿠스 안토니우스(Marcus Antonius, BC 83~BC 30)는 그리스와 소아시아로 진격해 주민들을 로마의 명령에 따르게 했다. 이 원정 동안 안토니우스는 클레오파트라가 자신의 적을 지원했다는 사실을 알고 있었으므로 그녀에게 사죄를 요구했다. 그러자 여왕은 자신이 직접 안토니우스를 만나 오해를 풀기로 결심했

다. 그도 그럴 것이, 그
녀는 자신의 매력과 미
(美)와 부(富)를 이용해
서 안토니우스를 사랑에
빠뜨려, 자신에게 해롭
지 않는 인물로 유인할
자신이 있었기 때문이다.

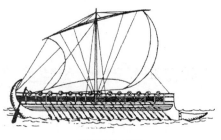

갤리선의 모형

　여왕은 왕실용의 대형 갤리선(galley船)*을 타고, 많은 소형
선박들을 거느리며 위풍당당하게 회견 장소를 향해 출발했다.
왕실용 갤리선은 고급 보랏빛 천으로 만든 돛을 달고, 선미는
금으로 덮었으며 노(櫓, oar)는 은으로 만들어졌다. 플루트, 피
리, 견금(堅琴)이 연주하는 음악이 수면에 울려 퍼지고, 노젓
는 사람들은 그 가락에 맞추어 노를 저었다.

　더없이 정교하게 만들어지고, 금실로 자수한 천막 아래 클
레오파트라가 앉아 있었다. 클레오파트라는 사랑의 여신인 비
너스(Venus)에 비길 정도로 아름다운 옷차림에, 큐피드(Cupid)
처럼 치장한 소년들이 곁에 서서 그녀에게 연신 부채를 흔들
어 바람을 보내고 있었다. 바다의 요정 같은 옷차림의 소녀들
은 실크 밧줄로 돛을 조종했다.

　클레오파트라는 우위를 확보하기 위해 안토니우스가 호기

＊ 갤리선: 그리스·로마 시대부터 중세에 걸쳐 사용된 배의 일종. 주로 전쟁
　용으로 사용되었으므로 속력을 중시해 선체가 가늘고 길며 많은 노를 젓
　기 위해 뱃전이 낮은 것이 특징이었다.

심을 참지 못하고 이 장엄한 광경을 보러 나올 때까지 배에 그냥 앉아 있기로 했다. 안토니우스의 방문을 앞두고 화로에 향을 피우자 향내는 곧 강가에 운집한 군중 쪽으로 퍼져 가고, 저녁노을이 짙어지자 돛대(mast)에 매단 갖가지 형상의 작은 등에 불이 밝혀지고, 그 광경은 너무도 황홀했다.

안토니우스는 당초 클레오파트라의 배로 올라가 여왕을 심문할 생각이었으나 말 한 마디도 꺼내기 전에 여왕의 매력에 압도되어, 배 위에서 같이 식사를 하자는 그녀의 제안에 군말 없이 응낙했다. 이미 화려한 만찬이 신중하게 준비되어 있었다.

식사를 하는 선실 바닥에는 두껍게 꽃이 깔리고, 침대용 의자와 벽은 보라색 실과 금실 자수로 덮여 있었다.

식사는 반짝이는 보석이 박힌 금쟁반과 금그릇에 담겨 나왔고, 금술잔 역시 보석으로 장식된 것이었다. 음식은 안토니우스가 이제까지 먹어 본 적도 없는 고귀하고 진기한 것뿐이었다. 안토니우스는 나오는 음식마다 감탄해 찬사를 아끼지 않았다.

클레오파트라는 교묘한 말솜씨로 그것이 안토니우스를 위해 특별하게 차려진 것이 아니라 평소에도 늘 그렇게 생활하는 것으로 믿도록 처신했다. 실제로 그렇게 믿도록 하기 위해 그 연회에 쓰여진 모든 집기, 예컨대 침대용 의자며 금접시, 보석이 박힌 술잔 등을 남김없이 안토니우스에게 선물했다.

그 후에 그녀는 안토니우스에게 좀 더 배에 머물러 파티를 즐기자고 권했다. 안토니우스는 그 제의를 기꺼이 수락했고,

그들은 술과 춤을 즐기며 같이 많은 시간을 보냈다.

마찬가지의 호화로운 파티가 몇 번이나 되풀이되었다. 안토니우스는 깊은 감명을 받고, "이와 같은 연회에는 아마도 막대한 비용이 들지 않겠느냐"고 물었다. 그러자 클레오파트라는 "나에게 이 정도의 비용은 푼돈에 불과하다"고 대답하며, 안토니우스에게 "만약 내가 참말로 호화로운 연회라고 생각하는 파티에 참석하고 싶은 생각이 있으시다면 약 1만 세스테르차(지금 금액으로 치면 거의 몇 10만 파운드?)의 비용이 드는 연회 자리를 마련해 초대하겠다"고 했다.

안토니우스가 "한 번의 연회에 그렇게 막대한 돈을 쓰다니, 그건 말도 되지 않는다"고 하자, 클레오파트라는 "내일 실제

클레오파트라와 진주

로 보여 드리겠다. 만약 약속을 이행한다면 어떻게 하겠느냐"고 내기를 제안했다.

안토니우스는 이 내기를 받아들여, 부하 장군의 한 사람인 플랑크스를 내기의 심판으로 지명까지 했다.

다음 날, 안토니우스와 부하 장군은 다시 갤리선에 올랐다. 이 날의 연회는 처음 얼마 동안은 전날과 비교해 비용이 크게 더 소요된 것으로는 보이지 않았다. 그러나 연회가 끝나갈 무렵이 되자 클레오파트라가 "지금까지의 연회 비용은 하찮은 것이었습니다. 이제부터 내 한 사람이 1만 세스테르차를 써서 보여 드리겠습니다"라고 공언했다.

그녀는 온몸에 보석을 두르고 있었지만 특히 양쪽 귀에는 거대한 진주가 매달려 있었다. 그녀가 술잔에 초(酢, vinegar)를 담아 오라고 명령하자 시종 한 사람이 냉큼 달려가 금잔에 초를 부어 그녀 앞에 가져다 놓았다. 그러자 클레오파트라는 즉시 한쪽 귀에서 진주를 풀어 초 속에 떨어뜨렸다. 모두가 깜짝 놀라 숨을 죽이고 바라보는 가운데 클레오파트라는 잔을 들어 초를 한 입에 마셔 버렸다. 이어서 다른 한쪽의 진주마저 풀었으나 내기의 심판자인 플랑크스가 황급히 앞으로 나와 "그만 하십시오. 승부는 이미 결판이 났습니다. 여왕님께서 이기셨습니다"라고 선언했다.

이 진주와 초에 관한 이야기는 고대 로마의 문인이자 정치가인 플리니우스(Gaius Plinius Secundus, 23~79)가 기록한 것으로, 일반적으로 모두 사실이었던 것으로 알려지고 있다. 이 밖에도 비슷한 사실의 기록이 있다. 예를 들면, 로마의 도락자(道樂者)인 클로디우스(Clodius)란 사람이 저술가인 아버지로부터 막대한 유산을 상속받았다. 그는 클레오파트라처럼 내기에 이기기 위해서가 아니라, 진주의 맛은 어떠한가 확인하기 위해 값비싼 진주를 초에 녹여 먹어 보겠다고 호언장담하고, 실제로도 녹여 마셨다. "그것이 무척 맛이 있었으므로" 손님 한 사람 한 사람에게 진주를 주어 마시게 했다고 한다.

진주는 초에 녹는가

클레오파트라와 진주 이야기를 쓴 플리니우스는 또 약의 처방에 관해서도 많은 기록을 남겼는데, 그 하나에 통풍을 치료하는 약을 거론하며, 별 가치가 없는 작은 진주를 초에 녹여 만들되, 반드시 진주를 잘게 부수어 초에 넣어야 한다고 했다.

진주를 부수어 얻는 가루는 주로 탄산칼슘이므로 초를 포함한 모든 산에 녹는다. 산에 녹지 않는 성분도 약간 포함되어 있으며, 부수지 않은 둥그런 진주는 표피에 쌓여 있다. 이 표피는 마셔도 해롭지 않을 정도의 약한 초에는 수초 안에는 녹지 않는다. 그러므로 클레오파트라가 마셔도 좋을 정도의 초 속에 진주를 떨어뜨렸을 때 그녀의 의도대로 바로 녹았다는 것은 약간 의심스럽다.

이 진상을 그럴듯하게 설명하는 몇 가지 시사(示唆)가 있다.

그 하나는, 당시의 화학 지식에 통달했던 클레오파트라가 이미 연회 전에 진주를 녹일 수 있는 물질을 초에 첨가했을지도 모른다는 것이다. 하지만 이 견해를 밝힌 사람은 그 첨가물이 무엇이었는지는 말하지 않았다. 다른 하나의 시사에 의하면, 클레오파트라는 백악(白堊)*으로 가짜 진주를 만들어 귀에 달고 있었으므로 진짜 진주를 초에 녹인 양 잘 속여 넘겼다고 한다. 그러나 이와 같은 처신은 그녀의 품위에 어울리지 않는다.

또 하나의 가능성은 그녀가 진짜 진주를 초에 넣고, 실제로 녹은 것처럼 초와 진주를 훌쩍 마셨을지도 모른다는 것이다. 클레오파트라와 진주 이야기는 너무도 많은 고대의 저술가들이 다루고 있으므로 깡그리 지어낸 이야기라고는 생각되지 않는다. 실제로, 어느 저술가는 남은 진주 한 알의 후일담도 적어 놓았다. 그에 의하면 그 진주는 로마로 가져와 둘로 갈라 비너스상 귀 양쪽에 달았다고 한다.

토머스 그레셤과 진주

진주를 초나 포도주에 녹이는 이야기는 엘리자베스 시대의 대부호이며, "악화(惡貨)는 양화(良貨)를 구축한다"는 '그레셤

---

* 백악: 백악계에서 산출되는 백색의 부드러운 석회질 암석. 유공층이나 그 밖의 조개류의 화석이 포함됨.

의 법칙(Gresham's law)'으로 유명한 토머스 그레셤(Thomas Gresham, 1519~1579)에 관한 이야기에도 등장한다.

그레셤은 1564년, 런던에 큰 건물을 지어 상인들이 안심하고 장사할 수 있도록 했다. 이제까지 런던 상인들은 비바람도 피할 수 없는 좁은 행로(行路)를 서성이면서 장사를 했었다. 어느 역사학자의 말에 의하면, "비바람이 몰아칠 때도 그냥 견디며 밖에 있거나 아니면 가까운 상점 안에 들어가 낮잠이나 잘 수밖에 없었다."

그레셤이 세운 이 장대한 건물은 1571년, 엘리자베스 여왕에 의해 개장되었다. 이날, 여왕은 귀족과 정신(廷臣)들을 거느리고 토머스 그레셤과 식사를 같이 했다. 디너는 그의 거부(巨富)와 사치에 어울리는 것이었다. 특히 식사가 끝날 때의 축배야말로 사치 중의 사치였다. 그레셤은 테이블 위에 세상에서도 쉽게 찾아보기 어려운 값진 진주 한 알을 올려놓고, 그것을 부수어 자신의 포도주 잔에 넣고는 일어서서 여왕의 건강을 축하하는 건배를 했다.

여왕은 그 후에 그레셤과 신하들을 거느리고 새로 지은 건물 안을 둘러보았다. 여왕은 구석구석까지 살펴본 후에, 공보관에게 지시해서 나팔을

토머스 그레셤과 진주

불게 하고, 앞으로 그 건물명을 왕립거래소라고 선언하라
했다.

　이 개장식을 전하는 어떠한 기록에도 지금 소개한 진주 이
야기는 언급되지 않고 있다. 또 신뢰할 만한 당시의 어떤 역
사서에도 이와 관련된 기록은 전혀 찾아볼 수 없다. 실제로
이 진주 사건을 언급한 것은 그 연회의 정경(情景)이 나오는
희곡에서 뿐인 것 같다. 다음 몇 행이 그것을 꼬집는다.

> "그리하여 술 한 잔에 1,500파운드가 날아가고,
> 그레셤은 설탕 대신 진주를 가지고
> 여왕의 건강을 축하하는 잔을 들었다."

안티몬이란 이름의 유래

실존이 의심되는 발렌티누스

수도원의 돼지

안티몬(antimony)은 원자기호 Sb, 원자번호 51의 은백색 금속이다. 중세(中世)에 와서야 발견되었지만 그 화합물, 특히 황(sulfur)과의 화합물은 고대(古代)로부터 알려져 있었다. 옛 역사책에 안티몬이라는 말이 가끔 나오는데, 그것은 대개 금속이 아닌 황화물(sulfides)을 이른다고 한다.

어느 유명한 화학사가에 의하면 안티몬의 황화물은 다음과 같이 이용되었다고 한다.

"아시아의 귀부인들은 이를 속눈썹에 바르거나 눈꺼풀을 검게 하기 위해 사용했다. 예를 들면, 이스라엘의 왕비 이세벨은 아합 왕이 찾아올 때는 얼굴은 흰 가루분으로 단장하고 눈꺼풀에는 안티몬의 황화물을 칠했다. 안티몬으로 눈을 검게 칠하는 이 습관은 아시아에서 그리스로 전파되어 무어인(Moors)이 스페인을 점령하고 있는 동안은 스페인의 귀부인들도 그것을 사용했다."

이 금속의 오랜 역사에는 왜 안티몬이란 이름으로 부르게 되었는가를 설명하는 흥미로운 일화도 있다. 여기에는 또 가장 유명한 한 연금술사(실제 인물인지 전설적 인물인지는 확실하지 않지만)가 등장한다. 그는 바실리우스 발렌티누스(Vasilius Valentinus)라는 15세기의 연금술사로, 독일 작센(Sachsen)의 에르푸르트(Erfurt)에 있는 수도원에 살고 있었다. 발렌티누스는 베네딕토회에 속하는 학식이 풍부한 수도승이었다.

중세의 연금술사들은 본명을 숨기고 기발한 가명을 사용하는 습관이 있었다. 이 수도승이 자칭한 이름은 뛰어나게 웅대함을 의미했다. 즉, '바실리우스'라는 크리스천 네임은 '왕'을 뜻하는 그리스어에서 유래하고, 성인 발렌티누스는 '강대함'을 뜻하는 발렌티노에서 유래한다. 그러므로 그의 풀 네임은 '대왕'(물론 연금술사의 대왕이란 뜻)을 의미한다.

하긴, 바실리우스 발렌티누스는 뛰어난 연금술사였는듯, 그의 저서는 당시의 화학 지식을 빠짐없이 요약하고 있다. 어떤 흥미진진한 전설에 의하면 그는 죽기 직전 원고를 에르푸르트 사원(Erfurter Dom)의 대제단 뒤에 있는 대리석 테이블 밑에 숨겼다. 그 원고가 읽힐 시기가 오면 기적적으로 사람들 눈에 발견될 것이라 믿고 의도적으로 그렇게 했다고 한다. 많은 세월이 지나 바로 그 '때'가 왔다. 대사원에 벼락이 떨어져 벽이 무너지자 원고가 나왔다.

동료들을 살찌우려고 돼지를 기르다

발렌티누스는 수도원에서 질병에 걸린 수도승도 치료할 방법을 찾으려 한 것이 의학을 연구하게 된 계기였다고 한다. 그는 이 목적에 부합되는 약초를 찾으려고 노력했다. 그 목적은 달성하지 못했지만 약초 연구에서 한 발 더 나아가 열성적인 연금술사가 되었다. 그는 실험실을 가지고 있지 않았으므로 실험은 모두 자신의 개인 방에서 했다.

에르푸르트의 수도원은 다른 베네딕토회의 수도원과 마찬가지로 밭을 갈고 가축을 길러 자급자족의 생활을 이어오고 있었다. 그 무렵의 풍습으로는, 가축과 가금류는 모두 수도원 안에 방사(放飼)했으므로 연중 먹이를 찾으러 이리저리 돌아다녔다. 사람들이 버린 것도 가축과 가금류의 먹이의 일부가 되었다. 또 당시의 사람들은 쓰레기통을 사용하지 않고 허섭쓰레기는 문이나 창을 열고 길바닥이나 집 주위 공지에 던져버리는 것이 상례였다. 누구도 허섭쓰레기를 청소하려고 하지 않았으므로 던져진 곳에 쌓이기만 했다.

발렌티누스도 실험이 끝나면 사용했던 물질과 쓰고 남은 물질을 창 밖으로 던져 버리기 일쑤였으므로 창 밑에는 쓰레기가 산처럼 쌓였다. 어느 날 발렌티누스는 수도원에서 기르고 있는 돼지가 창 밑의 쓰레기더미에 코를 박고 부지런히 뒤지면서 무엇인가를 맛있게 먹고 있는 것을 목격했다. 그는 돼지가 평소에 먹은 적이 없는 그런 것을 먹었으니 필시 무슨 탈이라도 날 것이라는 생각이 들어 얼마간 돼지의 상태를 지켜보기로 했다. 하지만 놀랍게도 돼지는 아무런 이상도 보이지 않았다. 오히려 홀쭉했던 돼지가 통통하게 살이 쪘다.

발렌티누스는 진작부터 동료 수도승들 중에 몸이 야위어 쉽게 피곤을 느끼는 영양 부족자가 몇 사람 있는 것을 알고 있었다. 그래서 돼지를 관찰한 경험을 바탕으로, 그 허섭쓰레기가 쇠약한 동료들에게 도움이 될지도 모른다는 믿음을 갖고 그들을 설득해 실험실의 부스러기 일부를 먹였다.

바실리우스 발렌티누스와 돼지

불행하게도 이 새로운 '보약'은 오히려 그들의 생명을 앗아 가는 극약이나 다름이 없었다.

비록 야위기는 했어도 건강했던 돼지와는 달리 수도승들은 건강 상태까지도 매우 나빴으므로 쇼크를 극복하지 못하고 여러 사람이 목숨을 잃었다.

동료들을 죽이거나 중독시킨 이 사건에 바실리우스 발렌티누스는 크게 번뇌했다. 그는 이후 같은 사고가 재발하는 것을 막기 위해 문제의 그 허섭쓰레기에 독성이 있다는 것을 누구나도 인지할 수 있는 이름을 붙였다. 생각 끝에 고른 이름이 안티몬이었다. 안티(anti)의 의미는 '…에 거스르다', 모아느(moine)는 '수도승'이므로 둘을 합쳐서 "수도승을 혼내 주거나 골탕 먹인다"는 의미이기 때문이다.

이 끔찍한 비극 이후 발렌티누스는 안티몬을 신중하게 연구해, 적은 양이면 매우 잘 듣는 약이 된다는 것을 알았다(그 무렵 이 금속을 함유한 조제약은 무엇이든 모두 안티몬이라 불렀다).

진위에 관한 논란

안티몬이란 이름의 유래를 소개하는 이 그럴듯한 이야기는 오늘날에 이르러서는 지어낸 이야기라는 설도 있다. 왜냐하면, 안티몬이란 말은 이미 11세기에서도 사용되었다는 것을 알고 있기 때문이다. 그뿐만 아니라 여기서는 전승되고 있는 설화 그대로 안티몬이란 이름이 안티와 모아느라는 두 낱말로 이루어진 것이라고 했는데, 알고 보면 모아느는 프랑스어이고 발렌티누스는 프랑스어를 쓰지 않는 독일 사람이었다.

이 이야기가 오래도록 전승된 원인의 하나는 발렌티누스가 쓴 서책에서 찾을 수 있다. 그 내용의 한 구절을 읽어 보면, 이 이야기를 엮어 내기가 쉬울 것 같다.

"만약 돼지를 살찌우고 싶다면, 살찌우기 2, 3일 전에 가공되지 않은 안티몬 반 드라크마를 주어 식기의 바닥까지 샅샅이 훑어 먹도록 하라. 그렇게 하면 돼지는 좀 더 자유롭게 먹고, 좀 더 빨리 살쪄 돼지가 걸리기 쉬운 담즙질 또는 한센병(leprosy: 나병, 문둥병)에 걸리지 않게 될 것이다. 나는 가공되지 않은 안티몬을 인간에게도 복용시키라고는 주장하지 않는다. 짐승들은 생육뿐만 아니라 인간의 위(胃)의 능력을 능가하는 많은 것을 어려움 없이 소화시킬 수 있다."

인간에게는 "가공되지 않은 안티몬"을 많이 사용해서는 안 된다고 굳이 설명하고 있는 점이 주목된다. 그로 인해 발생하는 결과를 그는 체험을 통해 알았기 때문일 것이다.

지금까지의 이야기는 발렌티누스의 생애를 통해 일어난 특별한 한 사건이었지만, 현재 많은 역사가는 발렌티누스라는 인물의 실제마저 의심하고 있다. 한 역사가는 다음과 같이 기술했다.

"발렌티누스의 저서는 그 사본이 외국에까지 흘러나가 황제

막시밀리안 1세(Maximilian Ⅰ)의 흥미를 매우 자극했다. 그 때문에 황제는 1515년에 이 유명한 저자가 베네딕토회의 어느 수도원에 살고 있는지 알아보라고 지시했다. 그러나 불행하게도 황제의 그런 노력은 아무런 성과를 거두지 못했고, 후에도 몇 번이나 알아보려고 시도했으나 역시 모두 헛수고로 끝났다."

또 다른 한 저술가는, 발렌티누스가 저술했다고 하는 문제의 책은 틀림없는 위작(偽作)이라고 술회했다. 발렌티누스가 죽었다고 하는 해로부터 백여 년이 지나서야 겨우 발견된 몇 가지 사실이 그 책에 실려 있는 것만 보아도 확실하다고 했다.

사상(史上) 최초의 열기구

몽골피에 형제와 자크 샤를의 업적

몽골피에의 열기구

몽골피에(Montgolfier) 집안의 두 형제, 즉 조제프 몽골피에 (Joseph-Michel Montgolfier, 1740~1810)와 자크 몽골피에(Jacques-Étinne Montgolfier, 1745~1799)는 프랑스의 론(Rhone) 강 근처에 있는 도시 아노네(Annonay)에서 크게 제지공장을 운영하면서 두 사람 모두 비행술 연구에도 깊은 흥미를 갖고 있었다.

두 형제는 커다란 종이 자루에 증기를 채워 '구름처럼 가볍게' 하면 구름과 마찬가지로 공중에 띄울 수 있을 것이라고 생각했다. 그리하여 1783년 6월 5일에 형제는 이 아이디어를 확인하기 위해 린넨 천 조각을 이어 붙인 열기구로 공개 실험을 했다.

소식이 알려지자 구경꾼들이 구름처럼 모여들었다. 지름이 12미터나 되는 종이자루가 높다란 기둥 꼭대기에 매달리고, 자루 아래쪽의 열린 입구 바로 아래에는 보릿짚과 장작이 산더미처럼 쌓였다.

장작에 불을 지피자 연기가 힘차게 솟아올라 자루 속으로 들어갔다. 얼마 지나지

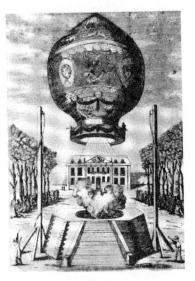

1783년 6월에 띄운 기구

않자 자루가 팽팽하게 부풀어 거대한 옥(玉)구슬처럼 되고, 열기구를 풀어 주자 둥실둥실 하늘로 솟아올라 10분도 지나지 않아 약 2,000미터 높이에까지 이르렀다.

그러나 열기구는 곧 하강하기 시작하더니 포도밭에 떨어졌다.

샤를의 수소 기구

당시 프랑스의 유명한 물리학자이며 발명가인 자크 샤를(Jaques Alexandre César Charles, 1746~1823)은 이 실험 소식을 듣자 자기 자신도 같은 실험을 하기로 결심했다. 그러나 샤를의 방법

은 몽골피에 형제의 실험과는 중요한 점에서 차이가 있었다. 그는 영국의 과학자 헨리 캐번디시(Henry Cavendish, 1731~1810)가 얼마 전(1766년)에 발견한 새로운 기체 ― 현재는 수소(水素)라고 한다 ― 가 공기보다 훨씬 가벼운 10분의 1에 불과하다는 것을 알고 있었다(실제는 공기의 무게의 14.5분의 1에 불과하다). 그래서 샤를은 실험실 안에서 쇠를 약한 황산에 녹여 수소를 만들었다.

샤를은 그의 계획을 공개하고, 필요한 자료를 구입하기 위해 기부를 공모했다. 노엘(Noel)과 니콜라 로베르(Nicolas-Louis Robert)라는 형제의 도움으로 그는 실크로 지름 약 4미터 크기의 기구(氣球)를 만들고, 기구 안쪽 면에는 고무를 칠해 기체가 누출되지 않도록 했다. 또 수소를 만들기 위해 쇠 약 500킬로그램과 황산 250킬로그램을 사용했다. 특별히 만든 용기에 쇠와 황산을 넣고 용기에서 관(管)을 끌어 분출하는 수소를 실크자루 속에 채워 넣었다.

이 실험은 유별나게 사람들의 눈길을 끌었다. 8월 23일부터 수소를 채우는 작업이 시작되었지만 모여드는 군중이 날이 갈수록 늘어났으므로 결국 현재의 장소에서 3킬로 정도 떨어진 곳에 있는 샹드마르스(Champ-de-Mars) 광장으로 기구를 옮기지 않을 수 없었다.

수소 기구(水素氣球)는 야심한 밤에 비밀리에 그곳으로 옮겨졌다. 한 목격자가 이 기구의 이동과 그 후에 이루어진 비행 모습을 다음과 같이 기술했다.

"기구의 운반에는 상상도 하기 어려울 정도의 괴이한 광경이 벌어졌다. 사람들은 불타는 관솔을 높이 들고 따르고, 한 무리의 보병과 기병이 양쪽에서 호위해 행진했다. 한밤중의 행렬, 이처럼 엄중한 경계 속에 운반되는 기구의 모양과 크기, 주위를 지배하는 침묵, 뜻을 알 수 없는 시간, 이 모두는 사정을 모르는 사람들에게 정신적으로 위압감을 주는 기이하고 신비한 느낌을 자아내게 했다. 길을 가던 포장마차 행렬이 통과하는 동안 마차를 세우고 모자를 벗고 무릎을 꿇었다."

다음 날, 기구를 날리는 광장에는 도보와 마차로 사람들이 구름떼처럼 몰려들어 인산인해를 이루었다. 군중이 너무 많았으므로 소란을 막기 위해 병사들이 나서서 정리했다. 오후 다섯 시 대포를 쏘아 신호를 울리자 기구를 매둔 줄이 끊어졌다. 그러자 기구는 2분도 지나지 않아 1,000미터의 높이까지 치솟아 구름 속에 모습을 감추었다. 곧 다시 나타나 더욱 높이 솟았다. 그리고 마침내는 세찬 비가 내리는 속에서 다른 구름 속에 모습을 감추었다. 평소에 보지 못했던 모습을 직접 목격했으므로 구경한 사람은 모두 흥분하고 열광했다. 그리고 모두들 크게 만족했으므로 최신 유행 복장을 차려 입은 귀부인들도 옷이 비에 젖는 것도 아랑곳 않고 행여 기구의 모습을 노칠세라 뚫어지게 지켜보았다.

기구에는 메모지를 넣은 가죽 주머니가 연결되어 있어, 기구를 띄운 날짜와 시간, 그리고 이 자루를 발견한 사람은 샤를 교수에게 돌려주기 바란다는 의뢰서가 들어 있었다.

크게 놀란 마을 사람들

샤를은 기구에 넣은 수소의 분량으로 미루어 짐작컨대 20일 내지 25일간은 공중에 떠 있을 것으로 예상했다. 그러나 예상과는 크게 달리 약 45분 정도 경과해 파리에서 북동쪽으로 24킬로미터 떨어진 고네스(Gonesse)라는 마을 가까이의 들판에 떨어졌다. 실크자루에는 길이 약 30센티미터가 찢어져 있었다. 기구는 거의 6,000미터 높이까지 상승한 것 같았다. 이 높이에서는 외부의 공기 압력이 기구 안의 수소의 압력보다 월등하게 작다. 그 때문에 밖으로 미는 수소의 압력이 실크 천을 찢었고, 그 찢긴 부분에서 수소가 누출되었기 때문에 기구는 지면으로 떨어지게 된 것이다.

어느 신문 기사에 의하면 마을 사람들은 하늘에서 날아온 기묘한 것을 보고 간이 떨어질 뻔했다고 한다.

"주민 두 사람이 그 떨어지는 것을 보고 공중을 나는 괴물이 하늘에서 내려왔다고 믿었다. 그것은 매우 빠른 속도로 떨어졌기 때문에 정지하기까지 여러 번 지면에 부딪치고는 튕겼으므로 그 인상은 더욱 강렬했다. 그래서 주민들은 아예 접근하려고도 하지 않다가 잠시 지나 돌을 집어던졌다. 그래도 기구는 아무런 움직임도 없이 가로놓여 있었다. 그래서 두 사람 중에 용기있는 한 사람이 살며시 다가갔지만 괴물이 입을 크게 벌리고 있는 모습을 보고는 멈칫했다. 괴물의 입 안에 손을 넣는 것은 너무 위험할 것 같아 조심스럽게 입 속을 살펴볼 뿐이었다.

그러나 수소의 불쾌한 냄새가 아직 사라지지 않았으므로 머리를 움츠리지 않을 수 없었다. 다른 한 사람은 멀리 떨어진 곳에서 그것을 보고 괴물이 동료를 문 것으로 오해하고 전 속력으로 달아났다. 그러나 상대는, '나는 아무런 피해도 입지 않았다. 괴물은 죽었는지 이상한 냄새가 난다'고 소리쳤다. 그래서 두 사람은 다시 용기를 내어 가까운 곳에서 풀을 뜯고 있는 당나귀를 끌고 와 꼬리에 기구를 매달아 마을까지 끌고 갔다.

그들은 수도승을 만나 이 괴물의 정체를 살펴보아 달라고 부탁했다. 수도승은 기구에 매여 있는 가죽 주머니를 발견하고, 안의 메모지를 읽은 결과 이 기계는 누가 왜 만들었는지, 또 기구를 누구에게 보내면 좋겠는지 알게 되었다. 그래서 두 사람은 자신들이 겪은 공포와 애쓴 대가로 어떤 보상이라도 받을 것이라 짐작해 크게 좋아했다."

하늘에서 떨어진 괴물과 맞선 마을 사람들

마을 사람들의 놀라움에 관해서는 또 다른 기사가 다음과 같이 전하고 있다.

"기구를 처음 보았을 때 많은 사람이 그것이 별천지(別天地)에서 온 것이라고 생각했다. 그리고 좀 더 분별력 있는 사람들은 괴조(怪鳥)라고 보았다. 그것이 착륙한 뒤에도 안에 수소가 남아 있었으므로 꿈틀거렸다. 약 1시간 정도 지나자 많은 군중 속에서 용기있는 몇 사람이 나서서 슬금슬금 괴물에게 다가갔다. 내심으로는 접근하기 전에 어서 날아가 버리기를 바랐다.

사람이 다가가도 괴물이 움직이는 기색이 없자 유독 용감한 한 사람이 총을 겨누어 들고 30센티미터 이내까지 접근해 발사했다. 총을 맞은 괴물이 오글어들었으므로 승리의 함성이 터졌다. 군중들도 도리깨와 창을 들고 돌진했다. 한 사람이 피부 같은 곳을 찔러 파열하자 고약한 악취가 풍겼으므로 다시 모두 퇴각했다.

그러나 이 지경에 이르자 이제까지 겁먹었던 것이 수치스러운듯 그들은 떨어진 기구를 말꼬리에 묶은 채 마을로 끌고 돌아다녀 너덜너덜하게 만들었다.

프랭클린은 낙하산부대를 예상했다

미국의 유명한 과학자이며 정치가인 벤저민 프랭클린(Benjamin Franklin, 1706~1790)은 기구(氣球)가 최초로 상승하는 모습을 구경했다. 그는 전쟁에 기구가 유용하게 쓰일 것으로 예상해서 다음과 같이 기술했다.

"2인승 기구 5,000개를 만들지라도 전함(戰艦 : 포 74문 이상을 장비한 당시의 군함) 5척 이상의 비용이 소요되지는 않을 것이다.

만약 기구를 사용해 1만에 이르는 병력이 구름에서 내려와 공격해 온다면, 그들이 온갖 장소에서 큰 위해를 가하기 전에 신속하게 군세(軍勢)를 집합시켜 몰아낼 수 있겠는가. 국토의 방위를 위해 나라 전체에 군대를 깔아 둘 만큼 여유가 있는 왕후(王侯)가 어디에 있겠는가."

벤저민 프랭클린

그는 전쟁에서 낙하산부대가 유용하게 쓰일 것을 그것이 실현되기 이미 150년이나 앞서 이렇게 예상했었다.

일부 프랑스 사람들은 "우리의 적인 영국 사람들이 이 아이디어를 가로채 우리보다 먼저 옛날 바다의 지배권을 빼앗아간 것처럼 하늘의 지배권도 빼앗아가는 것이 아닌가"라고 우려했다. 반면에 영국 사람들은 '기구의 발달'로 영국이 침략에 대응할 수 있는 천연의 방벽인 영국 해협이 이제는 적의 상륙을 막지 못하게 되는 것이 아닌가 걱정했다.

실제로 1784년에 쓰여진 '구름 속의 몽골피에'라는 제목의 유명 만화에는 그 프랑스의 발명가(몽골피에)가 비눗방울(이것은 기구를 뜻했다)을 불면서 다음과 같이 중얼거리고 있다.

"오! 이거야말로 대단한 발명이다. 이것은 우리의 왕, 우리나라, 나의 이름을 영원히 전하게 될 것이다. 우리는 적에게 전쟁을 포고하자. 우리는 틀림없이 영국 사람들을 벌벌 떨게 만들 수 있을 것이다. 우리는 기구를 타고 그들의 야영지를 정찰하고 그들 함대의 진로를 방해하며 조선소에 불을 질러 틀림없이 지브롤터(Gibraltar)를 점령할 수 있을 것이다. 우리는 영국을 정복한 내친김에 다른 나라들도 정복해서 모두 대왕의 식민지로 만들자."

자크 샤를, 난을 면하다

이 최초의 기구 비행에는 재미있는 후일담이 있다. 그것은 1792년의 일이었다. 당시 프랑스 국민들은 국왕에 대해 반란을 일으켜 '기억해야 할 8월 10일'에 파리의 폭동은 전혀 손을 쓸 수 없게 되었다. 그들은 왕궁으로 몰려가 지키던 병사들을 학살하고 왕도 사로잡아 감옥에 가두었다. 후에 왕은 형식적인 재판을 거쳐 사형이 선고되었고, 결국 단두대에서 목이 잘렸다.

그 '기억해야 할 8월 10일' 자크 샤를(Jacques Charles, 1746~1823) 교수는 왕궁 안에 머물고 있었다. 왕이 그의 과학적 업적을 높이 평가해 포상으로 왕궁 안에 자유로이 숙박하는 것을 허용했기 때문이다.

폭도들은 왕궁 안을 내 집처럼 휘젓고 다니면서 발견한 사람은 거의 빼놓지 않고 모두 죽였다. 그들의 한 무리가 샤를을 발견해서 죽이려고 했을 때, 샤를은 수년 전에 자신이 기구를 띄운 사실을 고백하며 그때의 환호를 상기시켰다. 다행히도 폭도들 중에 그의 얼굴을 알아보는 사람이 있어 그는 목숨을 건졌다. 샤를은 혁명 이후까지도 살아남아 1823년에 77세로 생을 마감했다.

기구에 의한 결투

앞에서도 언급한 바와 같이 프랭클린은 낙하산부대의 기구 사용을 예언했었다.

1808년에는 두 사나이가 공중에서 한 여자 배우를 사이에 두고 사랑의 결투를 벌인 것이 공중전의 효시였다.

드 그랑벨이란 사람과 르 피케란 사람은 한 여배우를 두고 양보할 수 없는 사랑싸움을 벌였다. 당시의 사고 방식에 따르면 이런 문제는 결투로 해결할 수밖에 없었다. 그들은 똑같은 두 기구(氣球)에 각각 시종(侍從, second) 한 사람씩 거느리고 탑승해 결말을 보기로 합의했다. 많은 시일에 걸쳐 충분한 준비가 갖추어지자 결투의 장본인들은 시종과 함께 각자의 기구 곤돌라(gondola)에 탑승했다.

두 기구는 상승했을 때 서로의 거리가 약 80미터가 될 만한 위치에 놓였다. 많은 군중이 지켜보는 가운데 묶여 있던 기구가 풀리자 잔잔한 바람의 도움을 받아 충분한 높이까지 도달했고, 결투를 알리는 신호로 총소리가 울렸다. 르 피케가 먼저 쏘았으나 명중하지 못했다. 이어서 드 그랑벨이 상대의 기구를 겨누어 쏘아 명중시켰다. 기구는 바로 찌그러져 곤돌라가 무서운 속도로 떨어져 지면에 처박혔다.

곤돌라는 박살이 나고, 르 피케와 시종 역시 곤돌라 꼴이 되었다. 그러나 승자인 드 그랑벨과 시종은 그대로 하늘을 날아 끝내는 파리에서 약 30 킬로미터 떨어진 곳에 착륙했다.

과학자들은 곧 기구를 이용하면 대기의 상층부 상태도 연구할 수 있다는 것을 깨달았다. 1804년 두 사람의 프랑스 과학자인 화학자 루이 조제프 게이 뤼삭(Louis Joseph Gay-Lussac, 1778~1850)과 물리학자이며 수학자인 장 바티스트 비오(Jean-Baptiste Biot, 1774~1862)가 기구에 많은 과학 장치를 싣고 날았다. 이들의 목적은 자석의 침(針)이 고공에서도 지상과 마찬가지로 작동하는가 확인하기 위해서였다.

블랙의 수소풍선

기구에 수소를 채운다는 자크 샤를의 아이디어는 결코 신기한 발상은 아니었다. 에든버러 대학의 화학자 조지프 블랙(Joseph Black, 1728~1799)이 이미 몇 해 전에 수소를 사용한 적이 있었기 때문이다.

1776년에 블랙은 영국의 화학자이자 물리학자인 헨리 캐번디시(Henry Cavendish, 1731~1810)가 수소를 발견한 사실을 알았다. 그는 매우 엷고 가벼운 소의 방광(膀胱)에 이 가스를 채

우면 가스는 같은 체적의 공기보다 가볍기 때문에 잡고 있던 손을 놓으면 스스로 떠오를 것이라고 믿었다. 그래서 블랙은 몇몇 친구들을 저녁 식사 자리에 초대해, 식사 후에 수소를 채운 방광을 띄웠다. 그러므로 이 친구들은 공중에 떠오르는 기구를 본 최초의 사람들이라 할 수 있다.

도버해협을 건너는 수소 기구

마술사 같은 블랙의 재주에 친구들은 모두 감탄했다. 그날 밤의 모임을 소개한 다음 문장이 그 분위기의 일면을 생생하게 묘사하고 있다.

"수소가 발견되고 얼마 지나지 않아 블랙 박사는 그것이 일반 공기보다 적어도 10배는 가볍다는 것을 밝혔다. 어느 날, 재미있는 모습을 보여 주겠다며 몇몇 친구를 저녁 식사에 초대했다.

친구들이 모두 모이자 블랙은 그들을 한 실험실로 안내했다. 그는 수소가스를 채운 소의 방광을 잡고 있었으나 그것을 놓아 주자 방광은 떠올라 천장에 달라붙었다. 이 현상은 쉽게 이해되었다. 가느다란 검은 실이 방광에 매어 있고, 실은 천장을 통해서 2층 방에 이어져 누군가가 2층에서 실을 당겨 방광을 천장까지 끌어올린 것이라고…… 이 그럴듯한 설명에는 저녁 식사에 참석한 모든 친구가 동의했다.

그러나 다른 많은 그럴듯한 이론과 함께 이 설명도 전혀 근거가 없다는 것을 알았다. 왜냐하면 방광을 끌어내려서 살펴본 결과 실은 전혀 없었기 때문이다.

블랙 박사는 친구들에게 방광이 떠오른 이유를 설명했다. 그러나 그는 자신의 명성이나 일반의 보도에는 전혀 신경을 쓰지 않았으므로 이 기묘한 실험의 사실을 달리 누구에게도 이야기하지 않았다. 그리하여 이 수소가스의 명백한 특성이 파리의 샤를에 의해서 기구 띄우기에 이용되기까지 12년 이상이나 지나 버렸다."

금속 주석의 기묘한 성질
스콧 남극 탐험대의 조난도 주석의 변태 탓인가?

주석의 변태 — 주석 페스트

다른 많은 물질도 마찬가지이지만 원자번호 50, 원소기호 Sn의 주석(朱錫, tin)도 몇 가지 형태로 존재할 수 있다. 즉, 흰 윤기가 나는 일반적 형태 외에 드물기는 하지만 회색의 가루도 있는데 이것도 화학적으로는 흰 주석과 조금도 다름이 없다. 이 회색 가루를 가열하면 흰 주석으로 변한다. 반대로 흰 주석을 적절한 조건 아래서 회색 가루로 만들 수도 있다.

흰색 주석에서 회색 주석으로 바뀌는 변화의 두드러진 사례가 1851년에 발견되었다. 그해에 차이츠성(城)의 교회에 있는 17세기에 만들어진 파이프 오르간을 수리했다. 차이츠(Zeitz)는 독일 북부의 슐레지엔(Schlesien)에 있는 작은 도시로, 겨울의 추위가 무척이나 혹독한 때가 종종 있었다. 오르간의 파이프는 주석 96.23 퍼센트와 납(Pb) 3.77 퍼센트의 합금으로 만들어졌다.

기술자들은 주음전(主音栓) 파이프 표면에 회색의 부스럼 같은 것이 더덕더덕 붙어 있는 것을 발견했다. 마치 천연두를 앓고 난 뒤 얼굴이나 손에 남은 반점이나 부스럼딱지 같아 보였다. 파이프의 피해는 광범위했으며 길이 1.2 미터당 약 50개의 사마귀 같은 돌기도 있었다. 사마귀의 크기는 지름 약 6 밀리미터에서 3 센티미터나 되었다. 파이프를 분해하자 그 대부분은 부서져 회색의 가루가 되었다.

오르간의 파이프는 주석 페스트에 걸려 있었다.

처음에 많은 과학자가 이처럼 금속이 가루로 부서지는 원인은 오르간을 칠 때 발생하는 진동 탓이라고 믿었다. 그러나 그 믿음은 오래가지 않았다. 또 하나의 사건이 상트페테르부르크(Saint Petersburg)의 보세창고(保稅倉庫)에서 발생했기 때문이다.

어느 뛰어난 러시아 과학자가 보고한 바에 의하면 이 사건의 경위는 다음과 같다.

"나는 1868년 2월, 이 지역에 있는 어느 상사회사의 시장으로부터 보세창고에 보관해 둔 주석봉(朱錫棒) 중에서 다수가 분해되었다는 연락을 받았다. 나는 그 소리를 듣고 몇 해 전의 경험을 회상했다. 당시 군사용으로 만들어진 병참부 창고에 보관 중이던 주석의 주물 단추가 검사 결과 대부분이 형체도 알아볼 수 없게 분해된 덩어리로 변질되어 있었다. 어디에도 쓸모없게 된 이 손실의 원인을 규명하기 위해 조사가 시작되었다.

그 조사가 어떠한 결론에 이르렀는지 나는 몰랐으므로 곧바로 이번에 분해된 주석봉이 발견되었다는 창고로 달려가 현장을 둘러보았다. 보아하니, 많은 주석봉이 아직 정상 상태로 존재하는듯 보였지만 일부는 많든 적든 정상 상태에서 벗어나 본질적인 변화가 진행되었음을 발견했다.

처음부터 나는 주석의 변화 원인은 1867년부터 1868년에 걸친 겨울, 상트페테르부르크의 이상 저온 때문일 것이라는 강한 예감을 갖고 있었다."

그 후에 실시된 실험은 이 과학자의 영감이 적중했다. 회색 가루의 대부분은 굳이 고온으로 가열하지 않아도 원래의 상태로 환원되었다.

지금에 와서는, 순백의 흰 주석을 섭씨 13도 이하로 냉각하면 회색 가루로 변하기 쉬워진다는 것을 이 방면에 종사하는 사람들은 모두 알고 있다. 특히 영하 45도 정도로 낮추면 잘 변화한다. 물론 대개의 나라에서는 기온이 영하 40도로 내려가는 일이 없으므로 주석에 변화가 발생했다 할지라도 그 진행은 매우 느리다.

변화를 촉진시키는 하나의 방법은, 흰 주석 위에 회색 가루를 약간 얹으면 된다. 그렇게 하면 고온에서 변화가 일어난다. 일단 한 점에서 변화가 일어나면 곧 전파되어 주석 전체가 '병에 걸려' 부스럼 딱지에 덮이게 된다.

주석을 세공하는 기술자들은 옛날부터 이 병을 알고 있었다. 주석의 부스럼, 주석의 전염병, 주석 페스트(tin pest) 등, 여러 이름으로 호칭되었다. 주석의 부스럼과 실제 천연두는 매우 비슷하다. 즉, 부스럼의 모양이 유사할 뿐만 아니라 전염 상태까지 비슷하다. 천연두가 전염되듯이 이 주석 페스트도 전염된다.

"흰 주석은 은처럼 윤기가 나는 보통 금속 주석이며, 4각의 결정을 형성한다. 밀도는 1cc당 7.29 그램이고, 회색 주석은 1cc당 5.77 그램에 불과하다. 그러므로 흰 주석이 회색 주석으로 변환되면 체적이 약 25 퍼센트나 늘어난다. 이렇게 증가하므로 회색 주석은 흰 주석의 표면으로 불거져 나와 부스럼 딱지처럼 흉한 꼴이 된다.

전이(轉移) 온도는 전기적 방법으로 측정한 결과에 의하면 섭씨 13도이지만, 전이가 진행되는 속도는 매우 느리다. 온도가 더욱 떨어져도 역시 느리다. 그러나 회색 주석이 조금이라도 존재하면 전이는 훨씬 빨라진다.

최적 온도는 영하 40도 내외이고, 이때 변화 속도는 최대가 된다. 그러나 이 온도에서도 역시 속도는 매우 느리며, 회색 주석을 접종(接種)하지 않는다면 흰 주석이 전부 전이하는 데에는 몇 해가 걸려야 할 것이다.

변화는 다른 금속이 조금이라도 존재하면 느려지고, 어떤 금속은 심지어 변화를 완전히 막기도 한다."

스콧 탐험대의 조난

남극에서의 로버트 스콧(Robert Falcon Scott, 1868~1912) 대령과 그 탐험대원들의 비극적인 죽음도 보통 주석에서 회색 가루로의 변화가 원인일지도 모른다는 주장이 제기된 적이 있었다.

1910년 6월 1일, '테라 노바(Terra Nova) 호'를 타고 영국을 출발한 탐험가 스콧 대령은 1911년 1월에 남극대륙에 도착했을 때 이전의 탐험가들이 갔던 방법에 따라 그도 해안 기지에서 가급적 극에 가까운 곳까지 이어지는 물자 저장소를 설치했다. 겨울이 시작되기 전에 먼저 한 팀이 식료, 연료, 의복, 기타 필수 물자를 대량으로 싣고 출발했다. 그들은 적당한 거리만큼 떨어져 여러 곳에 저장 분소를 설치하고, 거기에 물자를 나눠 저장했다. 저장 분소 중에서 가장 큰 분소는 테라 노바 호에서 약 150마일 떨어진 곳에 설치했고, 1톤가량의 물자를 그 분소에 저장했다. 그래서 이 저장소는 통칭 '1톤 캠프'로 호칭되었다.

남극점(南極點)을 향해 최후의 돌진을 할 때가 왔으므로 스콧 대령과 네 명의 대원은 식료와 연료를 실은 썰매를 끌고 1톤 캠프를 출발했다. 그리고 돌아올 때를 대비해 도중 몇 곳에 작은 저장소를 만들어 식료와 연료를 남겨 두었다. 1912년 1월 18일 그들은 온 힘을 다해, 빠른 속도로 전진해서 드디어 남극점에 이르렀다. 그러나 거기에는 큰 실망이 그들을 기다리고 있었다. 바람에 펄럭이는 노르웨이 국기가 꽂혀 있었던 것이다. 그것은 스콧의 라이벌인 노르웨이의 극지탐험가 아문센이 꽂은 것으로, 로알 아문센(Roald Amundsen, 1872~1928)은 스콧과는 다른 코스로 진행해 1개월 전인 1911년 12월 14일에 도착했었다.

극지를 떠나 돌아올 때, 첫날에는 날씨가 좋았지만 곧 굳어지기 시작해 놀라운 만한 상태로 변했다. 강한 바람과 눈보라가 몰아치고, 얼음에는 많은 크레바스가 입을 벌리고 있어 그것을 피해 썰매를 끌고 가는 것이 무척 어려웠다. 이와 같은 환경에서 한 대원이 심한 동상에 걸려 목숨을 잃었다. 그러나 어찌하랴. 나머지 대원들은 악전고투해 올 때 설치한 작은 저장소에 이르렀다. 거기서 그들은 남겨 둔 식료를 발견했지만 어찌된 원인에서인지 연료유는 놓아 두었던 양보다 크게 적었다.

그들은 다시 1개월 동안 행진을 계속했다. 이때 대원의 한 사람인 로렌스 오츠(Lawrence Oates) 대위는 이전부터 심한 동상으로 고통을 겪다가 이제는 더 이상 살기 어렵고, 동료들에게 짐만 될 뿐이라는 것을 깨달았다. 그래서 자신이 죽음으로써 동료들이 안전한 기지로 갈 수 있는 기회가 늘어난다고 판단해, 한밤중에 텐트에서 나가 거친 눈보라 속으로 사라졌다. 그러나 그의 희생은 무위로 끝났다.

남은 세 명의 탐험대원은 행진을 계속해서 안전기지에서 20마일 떨어진 곳의 저장소에 도착했다. 여기서도 역시 식료는 제대로 회수했으나 연료유는 놓아 두었던 양보다 크게 적었다.

다시 9마일을 전진하자 또 눈보라가 세차게 휘몰아쳤다. 그래서 그날은 텐트 아래에서 야영하기로 했다. 하지만 눈보라는 며칠이나 계속되어 누구 한 사람 텐트 밖으로 나갈 수 없었다. 남극에서는 열, 특히 따스한 음료수가 절대 필요했지만 식료보다 먼저 연료가 바닥났다. 그럼에도 날씨는 여전히 사납기만 했다.

1912년 3월 29일, 안타깝게도 눈보라에 갇힌 스콧과 나머지 두 명의 탐험대원은 끝내 숨을 거뒀다. 불과 11마일만 더 갔더라면 안전한 기지에 도착했을 터인데도……

조난의 원인은 주석 페스트?

스콧이 죽은 훨씬 후에, 어느 미국의 화학자가 연료유의 부족 원인은 주석 페스트(tin pest)에 의한 것이라며 다음과 같이 설명했다.

> "기름통은 다분히 순수한 주석으로 땜질되었을 것이고, 그것이 남극의 혹한에 견디지 못해 회색 가루로 변했을 것이다."

일제 강점기만 해도 기름통은 철판 안팎에 주석을 도금한 함석이 사용되었다. 만약 때운 곳의 주석이 약간이라도 회색 주석으로 변했다면 가루의 대부분이 땜을 해 이은 곳에서 떨어져 나가 작은 구멍이 생겼을 것이다. 그러한 구멍이 많이 생긴다면 몇 주간이나 지나는 동안 상당한 양의 기름이 누출될 것은 분명하다.

누출되었다는 이 설명이 처음 제기되었을 때, 오늘날 밝혀진 것과 같은 정보는 무엇 하나 알려진 것이 없었다. 순수한 주석은 불순한 것보다 훨씬 변화하기 쉽다. 사실상 변화가 일어나는 것은 최고 순도의 주석뿐은 아니다. 그러나 보통 사용되는 땜납의 대부분은 상당한 비율의 납을 함유하고 있으며, 납은 변화를 크게 가로막았을 것이다. 땜납은 훨씬 이전부터 저온에서 사용하는 각종 장치의 부품을 조립하는 데 사용되었다. 그러나 주석 페스트가 그러한 장치를 침해했다는 예는 어디에도 기록되어 있지 않았다.

기름통을 만드는 데 사용된 땜납 중의 주석이 영국을 출발하기 이전부터 회색 주석에 감염되어 있었을 가능성도 조금은 있다. 감염된 흰 주석은 설령 얼마간 불순한 것일지라도 오래도록 저온에 놓여진다면 회색 주석으로 변할 수 있다.

진상 추구

하지만 주석에 미세한 구멍에 생겼다는 가정은 스콧 탐험대를 구조하기 위해 출발한 선발대가 남극점으로 가는 도중 1톤 캠프에 잠시 머문, 팀의 리더가 관찰한 사실과는 부합되지 않았다. 리더는 다음과 같이 기록했다.

> "이 캠프에 남겨진 물자를 조사한 결과, 퇴석표(堆石標) 위에 올려놓았던 양철통 하나에서 안에 담아 둔 파라핀이 새어 나와 퇴석표 밑에 둔 물자를 더럽힌 것을 발견했다. 그 깡통에는 어떠한 구멍도 생긴 것이 없었다."

통에는 구멍이 없었다고 이렇게 단정한 이상, 구멍이 찾아보기 어려울 정도로 작았다고 가정하지 않는 한 앞서 제기된 누출의 설명은 받아들이기 어렵다. 스콧의 일기를 편집한 토머스 헉슬리(Thomas H. Huxley, 1825~1895)는 다음과 같이 전혀 다른 설명을 했다.

"기름의 부족 원인에 관해서 말한다면, 어느 저장소의 기름통이나 모두 더위와 추위의 극단 조건에 놓여 있었다. 기름은 특히 휘발성이 강해 태양열을 받고(기름통은 퇴석표 꼭대기, 사람의 손이 닿는 곳에 두었으므로) 증기로 변하기 쉬웠다. 그러니 설령 손상이 없었을지라도 마개에서 새어 나올 수 있었다. 기름이 줄어든 원인은 마개에 두른 가죽 워셔(washer)가 섞여 있었기 때문에 매우 빨랐다."

그러나 오늘날에 와서는 앞의 미국 화학자의 설명을 부정할 수 있는 확고한 이유가 있다. 1956년에 어떤 남극 탐험대가 45년 전에 스콧이 남긴 물자 일부를 찾아내어 영국으로 가져왔다. 그중에는 기름통도 몇 개 있었다. 그 통은 주석의 안정성을 규명하기 위해 과학자에 의한 조사가 실시되었으며, 나중에 다음과 같은 성명이 발표되었다.

"주석을 저온에 방치해 두었을 때의 안정성에 관해, 납득할 수 있는 실례가 1911년의 스콧 남극 탐험대가 남긴 양철통의 상태에서 나왔다. 그 통이 발견되어 1957년에 주석연구소에서 조사되었다. 그 통들을 조사한 결과 외부에도, 내부에도 회색 주석은 흔적조차 발견되지 않았다."